新疆克州水资源高效利用与保护

郑勇　井鹏雄 等　编著

中国水利水电出版社
www.waterpub.com.cn
·北京·

内 容 提 要

本书围绕制约新疆维吾尔自治区克孜勒苏柯尔克孜自治州（简称"新疆克州"）经济发展中存在的水资源突出问题，提出水资源合理开发、优化配置、高效利用、有效保护和综合治理的总体布局及应用方案，在充分挖掘当地水资源开发利用潜力和"三条红线"用水总量控制指标的基础上，以水资源科学配置为中心，协调各业用水需求，提出与新疆克州发展相适应的水资源供水方案，从而为保障供水安全、切实推进经济发展、改善民生、维护社会稳定提供可靠的水资源保障。

本书可供水利水电工程、水文水资源及相关专业技术人员和管理人员阅读，也可供相关专业高等院校师生参考。

图书在版编目（ＣＩＰ）数据

新疆克州水资源高效利用与保护 / 郑勇等编著. --
北京 ： 中国水利水电出版社，2020.10
ISBN 978-7-5170-8941-4

Ⅰ. ①新… Ⅱ. ①郑… Ⅲ. ①水资源利用－研究－克州②水资源保护－研究－克州 Ⅳ. ①TV213

中国版本图书馆CIP数据核字(2020)第190693号

书　　　名	**新疆克州水资源高效利用与保护** XINJIANG KE ZHOU SHUIZIYUAN GAOXIAO LIYONG YU BAOHU
作　　　者	郑勇　井鹏雄　等 编著
出 版 发 行	中国水利水电出版社 (北京市海淀区玉渊潭南路 1 号 D 座　100038) 网址：www. waterpub. com. cn E-mail：sales@waterpub. com. cn 电话：(010) 68367658 (营销中心)
经　　　售	北京科水图书销售中心 (零售) 电话：(010) 88383994、63202643、68545874 全国各地新华书店和相关出版物销售网点
排　　　版	中国水利水电出版社微机排版中心
印　　　刷	清淞永业 (天津) 印刷有限公司
规　　　格	170mm×240mm　16 开本　9.75 印张　141 千字
版　　　次	2020 年 10 月第 1 版　2020 年 10 月第 1 次印刷
印　　　数	0001—1000 册
定　　　价	**60.00 元**

　　随着人口与经济的增长，世界水资源的需求量不断增加，水环境不断恶化，水资源紧缺已成为世人所关注的全球性问题，美国、英国、法国、以色列等国家对水资源高效利用和保护，已取得较好的成绩。我国人口众多，水资源人均占有量，约为世界人均水量的 1/4，是世界上水资源问题最突出和复杂的国家，集中表现在水资源空间分布与经济社会发展格局不匹配、经济社会缺水和生态用水保障不足并存、水工程安全建设和管理任务艰巨、江河治理与水沙问题突出等。为强化国家水治理、保障水安全，2015 年开始，国家启动了"水资源高效开发利用"重点研发专项，凝练了现阶段中国水资源安全领域亟须解决的重点研究任务。新疆维吾尔自治区（以下简称"新疆"）气候干旱，降雨稀少，全疆多年平均年降水量为 154.5mm，仅为全国多年平均年降水量的 23％，年平均径流深为 48.2mm，为全国年平均径流深的 17％，新疆的邓铭江院士在新疆水资源研究和应用上做了大量工作，系统地研究了新疆水资源开发利用和水战略，取得了突出的成效。新疆克孜勒苏柯尔克孜自治州（以下简称"新疆克州"）境内群山起伏、沟壑纵横，河流发育，多年平均年降水总量为 187.6 亿 m³，水资源总量为 64.480 亿 m³，平均年降水量为 258.9mm，一般山区蒸发量为 1000～1300mm，平原区蒸发量为 1300～1500mm，属典型的温带大陆性干旱气候，"荒漠绿洲、灌溉农业"是新疆克州的显著特征。笔者对新疆克州水资源开发利用现状、问题及对策进行了研究，取得了初步的成果。

新疆克州党委、政府为深入落实"节水优先、空间均衡、系统治理、两手发力"的治水思路，面对经济社会可持续发展对水利发展提出的新要求，实行最严格水资源管理，在"三条红线"控制指标内，对克州水资源进行合理规划、优化配置、节约保护、高效利用和科学管理，以促进和保障新疆克州各县（市）人口、资源、环境与经济的协调发展，以水资源的可持续利用支撑经济的可持续发展。开展新疆克州水资源高效利用与保护研究，是促进新疆克州地方经济可持续发展的需要，是经济社会可持续发展对加快水源等工程建设的新要求，是实行最严格水资源管理制度的保障，是实现精准扶贫和脱贫摘帽的强大助力，具有重要的理论意义和现实价值，十分紧迫、十分必要。

本书是在郑勇主持的第二期帕米尔人才重点课题"克州水资源高效利用与保护研究及应用"（课题编号：RK2019030）和 2018 年克州科技项目"克州用水总量控制实施方案编制"等研究成果的基础上提炼编写而成。江西省水利科学研究院胡建民、郑勇，江西省防汛信息中心钟爱民，江西省峡江水利枢纽工程管理局涂伟，水利部新疆维吾尔自治区水利水电勘测设计研究院李森、杨赐金、孟江丽、王俊、刘军，新疆克州党委井鹏雄，新疆克州水利局邹健、阿不都力江·依马木、阿布都热西提·艾莎，新疆克州河湖管理中心米尔阿地力·米吉提、姬卫利等人参与本书编写。全书共分 11 章，第 1 章由郑勇、井鹏雄、胡建民编写；第 2 章由钟爱民编写；第 3 章由郑勇、邹健、刘军编写；第 4 章由涂伟、王俊编写；第 5 章由孟江丽、杨赐金编写；第 6 章由李森、杨赐金编写；第 7 章由郑勇、井鹏雄、阿不都力江·依马木编写；第 8 章由郑勇、米尔阿地力·米吉提编写；第 9 章由郑勇、邹健、姬卫利编写；第 10 章由郑勇、邹健、阿布都热西提·艾莎编写；第 11 章由胡建民、井鹏雄、郑勇编写。在本书编写过程中，还得到了新疆克州党委政府、江西省对口支援新疆工作前方指挥部、江西省水利厅、江西省水利科学研究院等单位领导的大力支持，在此表示衷心的感谢。感谢中国水利水电出版社为本书出版付出的辛勤劳动。本书在编著过程中，参阅了大量有关水资源高效利用与保护的文献资料，部分内容已在参考文献中列出，但难免仍有遗漏，在此一并向参考文献的各位作者致谢。

　　由于编者水平有限，加之时间仓促，书中难免有不妥之处，敬请同行和读者批评指正。

编者

2020 年 7 月

目　录

第 1 章

绪　　论

1.1　研究背景

新疆气候干旱，降雨稀少，全疆多年平均年降水量为 154.5mm，仅为全国多年平均年降水量的 23%。克州境内群山起伏、沟壑纵横，河流发育，属典型的温带大陆性干旱气候。开展新疆克州水资源高效利用与保护研究，对克州水资源进行合理规划、优化配置、节约保护、高效利用和科学管理，以促进和保障新疆克州各县（市）人口、资源、环境与经济的协调发展，是促进新疆克州地方经济可持续发展的需要，是经济社会可持续发展对加快水源等工程建设的新要求。

1.2　研究目标和任务

1.2.1　研究目标

通过山区修建调蓄工程、发展高效节水面积、灌区续建配套、建设引水工程、平原水库除险加固、流域水资源统一管理和调度等措施，提高灌区各业供水保证率。按照"三条红线"及用水总量控制方案控制指标，确定新疆克州研究水平年水资源利用目标，详见表 1.2-1。

表 1.2-1　　　　　　　新疆克州研究水平年水资源利用目标表

项目	单位	2025 年	2035 年
用水总量	亿 m³	≤10.64	≤10.46
灌溉面积	万亩	≤133.2	≤130.3
高效节水面积	万亩	≥85.7	≥90.6
毛灌溉定额	m³/亩	≤719	≤700
灌溉水利用系数		≥0.52	≥0.55
工业万元增加值用水量	m³/万元	≤70	≤50
水功能区水质达标率	%	100	100

1.2.2　研究任务

根据克州现状水资源及开发利用情况，依据克州最严格水资源管理制度，制定克州各河流水资源有序开发方案，注重水资源的高效利用，优化各行业用水结构，使水资源的配置向高附加值产业倾斜，按照水资源配置成果提出水资源有效保护措施，结合新时期治水理念提出克州水资源管理对策措施。

1.3　研究范围及水资源利用分区

本书研究范围为克州所辖的 1 市 3 县（即阿图什市和阿克陶县、乌恰县、阿合奇县）及 1 个县级国有牧场种羊场，其中包括 2 个街道办事处、5 个镇、32 个乡（含 1 个塔吉克族乡），以及新疆生产建设兵团第三师 2 个农牧团场。

克州水资源利用分区划分主要按河流水系兼顾行政区划的原则进行，详见表 1.3-1。

表 1.3-1　　　　　　　克州水资源利用分区表

序号	分区	单位	水源
1	依格孜牙河区	克孜勒陶乡、阿克塔拉牧场	依格孜牙河
2	叶尔羌河上游区	恰尔隆乡、库斯拉甫乡、塔尔乡	叶尔羌河

序号	分　区	单　位	水　源
3	库山河区	阿克陶县：巴仁乡部分（8个村）、玉麦乡部分（6个村）、阿克陶镇部分（9个村）、原种场	库山河、泉水
4	盖孜河区	阿克陶县：阿克陶镇部分、玉麦乡部分、巴仁乡部分（7个村）、皮拉勒乡、加马铁列克乡、喀热开其克乡、布伦口乡、木吉乡、奥依塔克镇、托塔依农场；乌恰县：波斯坦铁列克乡	盖孜河、乌鲁阿特河、泉水
5	克孜河区	乌恰县：康苏镇、乌恰镇、黑孜苇乡、乌鲁克恰提乡、吾合沙鲁乡、吉根乡、膘尔托阔依乡	库孜滚河、康苏河、乌如克河、卓尤勒汉苏河、克孜河、吾合沙鲁河、玛尔坎苏河、艾地克河、膘尔托阔依河、且木干河
6	恰克马克河区	乌恰县：铁列克乡、托云乡、巴音库鲁提乡、托云农场；阿图什市：上阿图什镇、阿扎克乡（6个村）	苏约克河、托云萨依河、恰克马克河、泉水
7	布古孜河区	阿图什市：阿扎克乡（8个村）、松他克乡、阿湖乡、格达良乡、吐古买提乡、幸福办事处、光明办事处、红旗农场	铁列克河、布古孜河、库鲁木都克河、马依丹河、地下水
8	哈拉峻盆地	阿图什市：哈拉峻乡	谢依特河、古尔库热河、克尔布拉克昂孜河、地下水
9	托什干河区	阿合奇县：阿合奇镇、库兰萨日克乡、色帕巴依乡、苏木塔什乡、哈拉布拉克乡、哈拉奇乡、阿合奇良种场、国营马场	托什干河、地下水

3

1.4　研究水平年及标准

1.4.1　研究水平年

研究近期和远期两个水平年，并以近期为重点。水平年与国家建设计划及长远规划的年份一致。考虑与新疆及克州各县（市）国民经济和社会发展五年规划、有关行业规划、专项规划等相衔接，确定研究水平年如下：

（1）现状基准年——2015 年。

（2）近期水平年——2025 年。

（3）远期水平年——2035 年。

1.4.2　研究标准

根据《灌溉与排水工程设计规范》（GB 50288—99）、《城市给水工程规划规范》（GB 50282—2016）等有关规范及标准，确定本次研究供水标准如下：

（1）生态供水保证率为 50%。

（2）灌溉保证率为 75%。

（3）工业及生活用水供水保证率为 97%。

第 2 章

研 究 区 概 况

2.1 自然地理

新疆克州地处祖国最西端，在新疆西南部，地理位置介于东经73°26′05″～78°59′02″、北纬37°41′28″～41°49′41″之间，地处天山南脉、昆仑山北麓和塔里木盆地西端的帕米尔高原上，90%以上区域为山区，有"万山之州"之称。全州地跨天山山脉西南部、帕米尔高原东部、昆仑山北坡和塔里木盆地西北缘四个地貌单元。东邻阿克苏地区的乌什、柯坪两县；南部与喀什地区的喀什市、巴楚、伽师、莎车、英吉沙、疏附县及塔什库尔干塔吉克自治县毗邻；西部及西北部分别与吉尔吉斯斯坦和塔吉克斯坦两国接壤，有长达1195km的边境线、254个通外山口，伊尔克什坦、吐尔尕特、卡拉苏等国家一类口岸都须经克州出境。全州辖区阿图什市、阿克陶县、乌恰县、阿合奇县共一市三县，东西长约400km，南北宽约300km，总面积约7.25万km²，占全新疆面积的4.3%，占全国面积的0.75%。克州首府为阿图什市，是全州政治、经济、科教和文化中心，距新疆首府乌鲁木齐市1530km。

2.2 气候特征

克州地处中纬度欧亚大陆腹地，远离海洋，属暖温带大陆性干旱气候，其主要气候特点是：四季分明、日照充足、干旱少雨、无霜期长、气温日增幅大。春季升温快、天气多变、多浮尘；夏季炎热、蒸发强烈；秋季凉爽；冬季寒冷，积雪少。极端最高气温为41.8℃，最低气温－36.6℃。年太阳总辐射量为 $5.44\times10^5\sim5.86\times10^5J/cm^2$。光合有效辐射量全州年总量达 $2.81\times10^5\sim2.93\times10^5J/cm^2$，为全国光合有效辐射量大的地区之一。年日照总时数达 $2700\sim3000h$。热量资源年际变化不稳定，山区不低于10℃积温变化年际可达±900℃，平原区也可达±600℃以上，对作物和牧草生长及产量有较大的影响。

2.3 地形特征

克州地形总趋势是东南低、西南、西北高，形成西、南、北三面环山，唯有东面是低山区和较开阔的平原地带，与塔里木盆地相连，海拔最低处为1197m，最高处为7719m。西北部山区海拔一般在3000m以上，中部为丘陵起伏的开阔地带，东南部的山前平原海拔也在1000m以上。境内重峦叠嶂，山区面积占全州面积的90%左右，有世界著名的海拔7719m的公格尔峰和海拔7595m的公格尔九别峰，还有被誉为"冰山之父"、海拔7546m的慕士塔格峰，合称"昆仑三雄"，景色壮丽秀美，举世闻名。

克州境内地势由东向西北呈梯状上升，西北高东南低，境内地形相对高差6522m，特点是山高、谷窄、平原少，气候垂直带分明。山体纵横切割频繁，自东向西有托什干河、布古孜河、恰克马克河、克孜河、盖孜河、库山河和乌鲁阿特河等众多河流。克州平原区是重要的农业生产基地，在克州国民经济发展中占重要地位。中山低山区和河谷、盆地等半山区，水资源丰富，草木茂盛，是克州传统的牧业基地。克州各县（市）山区、平原区面积见表2.3-1。

表2.3-1 克州各县（市）山区、平原区面积统计表 单位：km²

县（市）	总面积	山地	平原
阿图什市	16151	11030	5121
阿克陶县	24540	23364	1176
阿合奇县	12737	12067	670
乌恰县	19040	18904	136
全州	72468	65365	7103

2.4 自然资源

2.4.1 土地资源

（1）农用地：全州农用地（包括耕地、园地、林地、牧草地和其他农用地）面积为 3498003.86hm^2，其中，耕地面积为 56352.93hm^2，园地面积为 8038.51hm^2，林地面积为 236693.28hm^2，牧草地面积为 3177870.44hm^2，其他农用地面积为 19048.70hm^2。

（2）建设用地：全州建设用地面积为 344174.22hm^2，其中，城镇村及工矿用地 22460.27hm^2，交通运输用地 9774.06hm^2，水域及水利设施用地 311939.89hm^2。

（3）其他土地：全州其他土地 3445471.11hm^2，其中水域 45082.81hm^2，自然保留地 3400388.30hm^2。

2.4.2 水能及水资源

克州有三大水系和部分独立河流，河流大多在山区，河床深切，落差大，水力资源蕴藏丰富，总量为 346.81 万 kW，可供开发的水力资源为 183.08 万 kW，占 52.78%。

克州境内水系发育，共有大小河流 57 条，多年平均地表水资源量 61.473 亿 m^3，地下水与地表水不重复计算量 3.007 亿 m^3，水资源总量为 64.480 亿 m^3。

2.4.3 生物资源

克州境内野生动物资源较丰富，仅鸟类就有 17 目 42 科 244 种，占新疆鸟类总种数的 60%。珍贵野生动物较多，属国家一级保护的 12 种，二级 33 种，另外还有珍贵稀有野生动物 40 多种。克州天然野生植物种类有 54 科 184 种，主要为禾本科、菊科、豆科、蓼科、藜科等牧草类植物，其中野生沙棘资源丰富，有一定的开发利用价值。珍贵野生植物有白垩纪残余阔叶常青植物小沙冬青及稀有植物雪莲。同时，境内有有毒植物毒麦和岩黄芪（醉马草）及曼陀罗等。克州腹地平原，地势平坦，光照充足，适于瓜果生长，是有名的瓜果之乡，主要瓜果品种有甜瓜、西瓜、无花果、杏、桃、葡萄、石榴、苹果、梨、樱桃、木瓜等，特别是无花果、喀拉库赛甜瓜、木纳格葡萄享誉全疆。

2.4.4 矿产资源

克州地跨西南天山、塔里木、西昆仑三大构造单元，特提斯成矿带及天山-兴蒙成矿带在西部汇聚，地质构造条件及成矿地质条件十分优越，是新疆矿产资源相对富集的地区之一。

克州矿产资源具有分布广、矿种较多、配套程度不高，部分矿种储量大、质量较好，以及还有少数特色矿产等特点。已发现矿种63种，产地457处，占全国已发现171种矿产的36.84%，占新疆已发现138种矿产的45.65%。已探明或初步探明储量并计入储量库的矿产有：煤、铁、钴、铜、铅、锌、镉、金、银、硫（硫铁矿）、锑、萤石、冶金用脉石英、钛、钒、锶、石膏、盐矿（钠盐、镁盐、钾盐）、水晶、石灰岩、黏土、石材（饰面用花岗岩）等37种，其中，能源矿产1种（煤），煤矿10个；金属矿产7种，分别为铁矿16个（伴生钒钛的1个），锰矿1个，铜矿22个（伴生金的1个，伴生银的3个），铅锌矿21个（伴生银的3个，伴生金的1个，伴生铜的2个，伴生钴的1个，伴生镉的1个），锶矿1个，金矿4个（伴生银的1个，伴生锑的1个），银矿2个；化工原料矿产1种：硫铁矿1个；冶金辅助原料主要矿产1种：萤石矿区2个；建筑材料及其他非金属矿产2种：石膏矿区6个，水泥用灰岩矿区7个。累计查明122b＋333级主要金属资源量铜15.26万t，铅30.78万t，锌43.60万t；金1.18t；锶1.12万t、锑0.055万t，铁矿9597.57万t；截至2009年，保有122b＋333级主要金属资源量铜14.59万t，铅23.81万t，锌31.34万t，金1.13t，锑0.055万t，铁矿9277.62万t。根据克州矿产资源赋存条件、开发区位条件、市场需求等因素综合判定，目前克州优势矿产资源有铁、铜、铅、锌、金、石灰岩、石膏、黄铁矿、花岗岩，潜在优势矿产资源有芒硝、湖盐、钒、钛、锡、锰、大理岩、蛇纹岩、煤、矿泉水等。

油气：克州乌恰县境内早年发现油气苗 8 处，但经中国石油天然气总公司及地质矿产部有关地勘单位多年工作均未取得重大突破。近几年经有关单位的努力，在喀什坳陷西北缘的乌恰县境内的阿克 1 井打出了日产 50 万 m^3 的天然气流，揭示了克州找油气的前景。

2.5　社会经济

克州行政区共辖一市三县，31 个乡、6 个镇、2 个街道办事处、38 个社区、244 个行政村。2015 年克州总人口为 59.8 万人，其中，柯尔克孜族 15.77 万人，维吾尔族 38.94 万人，汉族 4.14 万人，其他 0.95 万人，人口自然增长率为 16.39‰。2015 年实现生产总值 100.03 亿元，比上年增长 12.3%。其中，第一产业增加值 14.17 亿元，增长 5.4%；第二产业增加值 30.05 亿元，增长 11.6%（其中工业 16.95 亿元，增长 7.4%；建筑业 13.10 亿元，增长 15.5%）；第三产业增加值 55.81 亿元，增长 14.3%。人均生产总值 16777 元，增长 10.4%。全年粮食产量达 35.19 万 t、蔬菜产量 4.59 万 t、葡萄产量 8.72 万 t、杏产量 9.05 万 t、核桃产量 0.23 万 t、石榴产量 0.1 万 t。年末牲畜存栏 172.15 万头（只），年内牲畜出栏数 129.66 万头（只），肉类总产量 3.99 万 t，奶类产量 3.1 万 t。

克州地区历年生产总值（2005—2015 年）见表 2.5-1。

表 2.5-1　克州地区历年生产总值（2005—2015 年）

年份	地区生产总值/亿元	增长率/%	第一产业增加值/亿元	第二产业增加值/亿元	第三产业增加值/亿元
2005	17.47	—	5.28	2.75	9.44
2006	19.71	10.1	5.36	3.43	10.92
2007	23.71	13.5	5.99	4.35	13.37
2008	27.6	10.8	6.36	5.66	15.58
2009	30.01	10	7.56	5.02	17.43

年份	地区生产总值/亿元	增长率/%	第一产业增加值/亿元	第二产业增加值/亿元	第三产业增加值/亿元
2010	38.0	12.4	7.92	8.48	21.6
2011	48.03	13.2	9.04	12.16	26.83
2012	61.41	20.1	10.44	18.73	32.24
2013	76.59	18.1	12.38	24.26	39.95
2014	90.32	13	14.01	30.63	45.68
2015	100.03	12.3	14.17	30.05	55.81

2.6 克州水资源开发利用存在的问题

（1）用水结构不合理，水资源利用经济效益低下。克州用水以农业用水为主，现状农业用水占克州总用水的 95% 以上，用水结构优化推进缓慢，单方水 GDP 产出偏低，仅为 8.2 元/m³，导致水资源利用经济效益低下；水资源配置方案和水权制度尚未建立，农田灌溉用水量居高不下。随着水平年克州经济的发展，工业化和城市化的步伐加快，克州工业化和城市化的大力推进与农业产业化的经营建设将存在较为突出的供需水矛盾。目前用水效益高、能大力带动地方经济的工业用水比例偏低，仅为 1.3%，工业发展增加用水得不到有效的保证。如何有效保障城市和工业用水问题已经成为克州新时期水利工作的一项紧迫任务。

（2）灌溉方式落后，城市用水水平不高，水资源浪费严重。目前灌区的田间普遍仍然采用传统的大水漫灌方式。据调查，87% 以上灌溉面积采用地面灌溉方式，田间灌水过量，漏水、跑水现象普遍，田间水的利用率低。此外，由于灌区范围和工程管理任务面广、线路长，工程管理技术水平落后，灌区经营管理粗放，灌溉技术相对落后，水资源未得到充分合理利用，部分耕地只能采用非充分灌溉的方式，农业发展受到制约。虽然近几年克州加大了高效节水面积的投入力度，但限于克州大部分灌区连片耕地面积偏小、平整度差等原因，高效节水面积推广困难重重，加之农户对高效节水缺乏积极性和后期管护不到位等原因，已发展的滴灌面积很多都难以持续，又改回地面灌溉方式。

城市供水体系不完善，基础设施薄弱，城市建成区管网覆盖率为95%，但跑冒滴漏现象较严重，节水型用水器具普及率低；工业用水重复利用率为55%，高于全国52%的平均水平。

（3）灌溉配套设施差，工程老化失修严重。克州水利工程始建于20世纪50年代末60年代初，当时干渠衬砌方式主要为干砌卵石灌浆，斗、农两级渠道基本为土渠。近几年随着"天山杯"活动的连年开展，灌区灌溉渠系防渗率得到不断的提高，现状干渠防渗率为56.7%，支渠43.7%，斗渠11.8%，农渠未防渗。灌区上游部分因地形坡度较陡，渠道衬砌形式主要为干砌卵石或浆砌石；下游部分灌区地形坡度较缓，渠道衬砌主要采用预制混凝土板或者现浇混凝土板衬砌。虽然各级渠道衬砌都有明显好转，但由于历史欠账较多，资金投入少而分散，地方配套资金受财力限制，项目实施过程中投入不足，灌区骨干工程老化失修、功能衰减的状况并未得到根本扭转，致使田间工程不配套、渠系建筑物不配套，灌溉用水无法定量控制，先进的灌溉技术推广程度低。

（4）水资源管理水平较低。近年来克州在水管体制、机制改革等方面取得了明显进展，但是流域管理与区域管理相结合的水资源统一管理体制尚不完善，最严格水源管理制度尚未落实到位，水价、水权、水市场等改革尚未全面推进，区域之间、城乡之间、行业之间供用水缺乏统筹调配，仍由各部门分割管理，未能形成水务一体化管理体制。在机制建设方面，水资源产权不明晰，市场机制不完善，水资源管理落后，用水效率和用水效益较差；在制度建设方面，围绕总量控制制定定额管理、水资源论证与取水许可、水功能区划与排污口设置三大主线的水资源管理，制度体系尚不完善，以法律、经济、行政手段促进节水的制度措施有待整合；在人才培训上，专业技术人员比例较低，有待进一步培训提高，在水资源监测方面，现状用水、排水监测工作薄弱，对水资源取、用、排全过程使用情况不能全面掌握，在科研方面，水资源规划、保护工作因资金问题，目前尚未开展或开展深度不够，科研已远远不能满足水资源管理工作的需要，更不能适应实时监测、管理的需要。

（5）水资源优化配置的格局尚未完全建立。克州水资源分布与经济社会发展格局不匹配，多数河流缺少控制性工程，在国家大力支持下，灌区骨干水利工程相继建设，但对形成水资源优化配置格局起关键作用的山区控制性水利工程尚未完成，主要有乌如克河上的乔诺水库、恰克马克河上的托帕水库、托什干河上奥依昂额孜水利枢纽工程、且木干河上的阿合奇水库、乌鲁阿特河上的乌鲁瓦提水库等工程，这些工程只有在规划年陆续建成后才能彻底解决克州水资源配置中的工程性缺水问题。

第 3 章

克州水资源及其开发利用现状分析

3.1　水资源分析

3.1.1　概况

3.1.1.1　气象

克州地处中纬度欧亚大陆腹地，属暖温带大陆性干旱气候，光照充足，干燥少雨，四季气温相差悬殊，冬、夏季漫长，春、秋季短暂，并有春季升温快，秋季降温迅速等特点。

克州年平均气温平原区为 11.2～12.9℃，山区为－3.7～8.7℃，其中阿图什市最热，历年平均气温为 12.9℃。克州区域内气温年内变化趋势总体一致，其中夏季 7 月为气温最高的月份，1 月是气温最低的月份。

克州降水相对较丰富，其多年平均降水量为 258.9mm，为全疆平均年降水量（147mm）的 176%。克州降水量的总体趋势是西部多于东部，山地多于平原，迎风坡大于背风坡。结合降水量等值线图可知，天山南脉中段地区年降水量一般为 100～600mm，西端年降水量为 100～400mm；帕米尔高原山区年降水量一般在 200～400mm 之间，5000m 以上的高山区可达 700mm 以上。

克州属于干旱半干旱地区，虽降水相对丰富，但蒸发十分强烈。水面蒸发量分布规律与气温基本相同，分布趋势西部小，东部大，山区小，平原大。结合蒸发等值线图可知，一般山区蒸发量为 1000～1300mm，平原区蒸发量为 1300～1500mm（折算为 E601 型蒸发器蒸发量），受局部地形影响，部分中山区蒸发量也可达 1700mm 左右。

克州无霜冻期差异显著，平原区长，山区短、高山区更短。平原区无霜冻期达 220～240d，山地半农牧区无霜期 160～180d，北部、西部高山区无霜期不足 100d，帕米尔高原在 5000m 以上地带无霜冻期终年为零。

3.1.1.2　河流、水系、湖泊

克州素有"万山之州"之称，南有昆仑山，西有帕米尔高原环绕，北受天山阻隔，东为"簸箕形"的开口区。克州总面积 72468km²，山区面积 65365km²，平原区面积 7103km²。克州边境线长约 1200km，入境水量 23.83 亿 m³，故克州具有山区面积大、边境线长、入境水量大的特点。

克州河流均属于内陆河流，发源于天山南脉或帕米尔高原。河流出山口以上，降水量大，蒸发量相对较小，集流迅速，引水量少，加之冰川融水补给，从河源到山口水量逐渐增加；河流出山口后，流经冲、洪积平原，部分水量被引用和渗入地下。

克州境内水系发育，共有大小河流 57 条，其中年径流量超过 1 亿 m³ 的河流有 9 条，年径流 1 亿～5 亿 m³ 河流有布古孜河、恰克马克河、卡浪沟吕克河、依格孜牙河和乌鲁阿特河，年径流 5 亿～10 亿 m³ 的河流有库山河，年径流量大于 10 亿 m³ 的河流有托什干河、克孜河和盖孜河。托什干河为国际河流，发源于天山南坡，经吉尔吉斯斯坦后流入克州，东西向流经阿合奇县，再经阿克苏市乌什县后，于温宿县与库玛拉克河汇合成为阿克苏河；布古孜河、恰克马克河发源于天山南坡，克孜河为国际跨国河流，发源于吉尔吉斯斯坦境内的克孜尔阿根山特拉普奇峰南坡，盖孜河、库山河、依格孜牙河发源于帕米尔高原，这 6 条河作为喀什噶尔河主要支流，最终汇合成为喀什噶尔河；叶尔羌河形成于喀喇昆仑山、昆仑山和帕米尔高原之间的构造接触带上，对于克州而言属过境河流，

由西南向东流经克州阿克陶县。

克州主要湖泊有喀拉库勒湖、布伦口湖、琼库勒巴什湖、硝尔库勒湖、吐孜苏盖特湖。喀拉库勒湖位于阿克陶县布伦口乡，为高山冰碛淡水湖，地理坐标为东经75°05′、北纬38°25′，主要入湖水源为康西瓦河支流，湖面海拔3640m，最大水深为30m左右，水域面积为6km²；布伦口湖位于阿克陶县布伦口乡，是一座山区吞吐淡水湖，地理坐标为东经74°56′、北纬38°39′，湖面主要依赖西岸的琼库勒吉勒噶河补给，湖面海拔3300m，水域面积为3.5km²。琼库勒巴什湖位于阿克陶县布伦口乡，是一座山区吞吐淡水湖，地理坐标为东经74°56′、北纬38°46′，湖面主要依赖于冰雪融水补给，湖面海拔为3300m，水域面积为7.5km²，东西长约5.2km，南北宽约2.6km。硝尔库勒湖、吐孜苏盖特湖位于阿图什市哈拉峻乡，两湖相通，相距5～10km，主要受地下水及少量地表水补给，地理坐标为东经77°47′、北纬40°06′。硝尔库勒湖呈北西—南东向分布，湖面高程为1551m，湖面水面面积为50km²，长约13km，宽2～6km，平均水深为1.2m；吐孜苏盖特湖呈北东—南西向分布，湖水水面面积为54km²，长约为18km，宽为2～4km。

3.1.1.3 水资源分区

根据全国水资源分区的统一划分，克州归属于西北诸河区（水资源一级区）、塔里木河源流（水资源二级区）内两个不完整的三级区——阿克苏河流域、叶尔羌河流域和一个完整的三级区——喀什噶尔河流域。本书在上述基础上将喀什噶尔河流域细分为7个四级河区：硝尔库勒湖区、布古孜河区、恰克马克河区、克孜河区、盖孜河区、库山河区、依格孜牙河区。将不完整的阿克苏河流域命名为托什干河区，将不完整的叶尔羌河区命名为叶尔羌河上游区，即将克州分为9个水资源评价分区，水资源利用分区与水资源评价分区保持一致。根据克州行政分区将克州分为阿克陶县、乌恰县、阿图什市、阿合奇县。克州各水资源分区名称及面积统计见表3.1-1。

表 3.1-1 　　克州各水资源评价分区名称及面积统计表 　　单位：km²

水资源 三级区	编码	水资源四级区	阿克陶县	乌恰县	阿图什市	阿合奇县	总面积
阿克苏河流域	K100400	托什干河区	0	0	786.4	12192.6	12979.0
喀什噶尔河流域	K100300	硝尔库勒湖区	0	0	8776.5	544.5	9321.0
		布古孜河区	0	1607.1	6029.9	0	7637.0
		恰克马克河区	0	3547.9	558.4	0	4106.3
		克孜河区	2051.9	11785.0	0	0	13836.9
		盖孜河区	11810.4	2100.0	0	0	13910.4
		库山河区	3408.9	0	0	0	3408.9
		依格孜牙河区	3143.4	0	0	0	3143.4
叶尔羌河流域	K100200	叶尔羌河上游区	4125.2	0	0	0	4125.2
合计			24539.8	19040.0	16151.2	12737.1	72468.1

3.1.2 降水

经量算，克州多年平均年降水总量 187.6 亿 m³，折合平均年降水深 258.9mm，大于全疆平均降水深。克州各水资源评价（利用）分区及行政分区年降水量统计见表 3.1-2 和表 3.1-3。

表 3.1-2 　　克州各水资源评价（利用）分区 1956—2015 年
平均年降水量

序号	分 区	分 区 合 计		
		面积/km²	降水总量/亿 m³	平均年降水深/mm
1	托什干河区	12979.0	36.5	281.2
2	硝尔库勒湖区	9321.0	13.2	141.6
3	布古孜河区	7637.0	12.5	163.7
4	恰克马克河区	4106.3	9.7	236.2
5	克孜河区	13836.9	42.7	308.7
6	盖孜河区	13910.4	44.6	320.6
7	库山河区	3408.9	13.8	404.8
8	依格孜牙河区	3143.4	6.8	216.3
9	叶尔羌河上游区	4125.2	7.8	189.1
	合计	72468.1	187.6	258.9

表 3.1－3　　克州各行政分区 1956—2015 年平均年降水总量

分区名称	面积/km²	年降水总量/亿 m³	降水量/mm	占克州降水量/%
阿合奇县	12737.1	33.9	266.2	18.1
阿图什市	16151.2	25.9	160.4	13.8
乌恰县	19040.0	53.3	279.9	28.4
阿克陶县	24539.8	74.5	303.6	39.7
合计	72468.1	187.6	258.9	100

3.1.3　地表水资源

3.1.3.1　主要河流年径流量

克州全区主要河流有：托什干河、布古孜河、恰克马克河、卡浪沟吕克河、克孜河、维他克河、盖孜河、库山河、依格孜牙河、叶尔羌河。各主要河流及其主要支流年径流量统计见表 3.1－4。

表 3.1－4　　评价区各河流选用站年径流量统计一览表　　单位：亿 m³

河名	控制站	实测多年平均径流量	实测最大年径流量	实测最小年径流量	插补后 1956—2015 年多年平均径流量
托什干河	沙里桂兰克站	28.64	41.97	18.16	28.638
布古孜河	阿俄站	0.98	2.01	0.71	1.091
恰克马克河	恰其嘎站	2.08	3.75	0.88	2.010
卡浪沟吕克河	卡浪沟吕克站	1.33	2.79	0.58	1.324
克孜河	卡拉贝利站	22.70	34.20	14.95	22.687
维他克河	维他克站	1.76	2.72	1.33	1.750
盖孜河	克勒克站	9.42	14.29	6.53	9.409
库山河	沙曼站	6.53	8.71	4.28	6.526
依格孜牙河	克孜勒塔克站	1.23	2.37	0.65	1.205
叶尔羌河	卡群站	67.10	95.63	44.70	67.289

3.1.3.2　地表水资源量分析计算

经计算，克州地表水资源量为 61.473 亿 m³。克州各水资源分区地表水资源量统计见表 3.1-5，克州各行政分区水资源量特征值统计见表 3.1-6。

表 3.1-5　　　克州各水资源分区地表水资源量统计表　　　单位：亿 m^3

水资源评价分区			控制站	控制站实测年径流量	无控区间资源量量算	入境水量	控制站区外产水	地表水资源量
二级	三级	四级						
塔里木河源流	阿克苏河流域	托什干河区	沙里桂兰克站	28.638	1.126	17.771		11.992
	喀什噶尔河流域	硝尔库勒湖区	无		1.534			1.534
		布古孜河区	阿俄站	1.091	0.767			1.858
		恰克马克河区	恰其嘎站	2.01	0.009			2.019
		克孜河区	卡浪沟吕克站	1.324			0.008	1.316
			卡拉贝利站	22.687	0.14	6.057		16.770
		盖孜河区	塔什米里站	11.565	3.673		0.003	15.236
		库山河区	沙曼站	6.526	0.328			6.854
		依格孜牙河区	克孜勒塔克站	1.205	0.319			1.524
	叶尔羌河流域	叶尔羌河上游区	无		2.37			2.37
合计				75.046	10.266	23.828	0.011	61.473

表 3.1-6　　　克州各行政分区水资源量特征值统计表

分区名称	水资源量/亿 m^3	C_v	C_s/C_v	不同保证率的年径流量/亿 m^3			
				25%	50%	75%	95%
阿克陶县	25.671	0.14	3.0	33.401	25.420	23.130	20.219
乌恰县	20.902	0.17	2.5	28.552	20.651	18.388	15.517
阿图什市	3.634	0.26	5.0	5.985	3.435	2.939	2.494
阿合奇县	11.266	0.21	3.0	16.564	11.019	9.565	7.842

3.1.3.3　出、入境（区）水量

克州无出境河流，入国境河流有两条：托什干河与克孜河。由于计算采用径流深等值线量算的方法。经计算，两河入境水量总和

为 23.838 亿 m^3，其中托什干河区入国境水量为 17.771 亿 m^3，克孜河入国境水量为 6.057 亿 m^3。

克州其余河流仅叶尔羌河有入区水量，叶尔羌河入区水量的计算采用卡群水文站多年实测平均径流量减去克州境内及克州至卡群水文站区间产水。经计算叶尔羌河入区水量为 64.513 亿 m^3。

出区水量计算采用入区水量加区内产水后扣除克州境内用水。布古孜河区入区水量还包括克孜河区乌如克河 0.160 亿 m^3 引水，这部分水同样作为克孜河区出区水量对待。经计算，布古孜河用水量大于区内产水与乌如克河调水之和，故布古孜河出区水量为 0。各分区出入区水量统计见表 3.1 − 7。

表 3.1 − 7　　　　　　　出 入 区（境）水 量　　　　　　　单位：亿 m^3

评价分区	入境（区）水量	区内产水	跨区调水	区内用水	出区水量
托什干河区	17.771（入境）	11.992		1.847	27.916
硝尔库勒湖区		1.534		0.216	1.318
布古孜河区		1.858	0.160	2.018	0
恰克马克河区		2.019		1.352	0.667
克孜河区	6.057（入境）	18.086	−0.160	1.018	22.965
盖孜河区		15.236		4.630	10.606
库山河区		6.854		1.659	5.195
依格孜牙河区		1.524		0.059	1.465
叶尔羌河上游区	64.513（入区）	2.370		0.264	66.619
合计	88.341	61.473	0	13.063	136.751

3.1.4 地下水资源

克州三面环山，南边有昆仑山，西面有帕米尔高原环绕，北面受天山阻隔，全区面积 72468.1km^2，其中山区面积 66973.6km^2，平原区面积 5494.5km^2，本书首先根据克州三县一市的行政区进行水量计算，然后分解到每个水资源评价分区。乌恰县境内无平原区，本次不作分析。

（1）阿图什市平原区地下水总补给量 4.327 亿 m³/a，扣除地下水回归量 0.415 亿 m³/a，则其地下水资源量为 3.912 亿 m³/a。地下水补给量与地下水排泄量基本相同，地下水基本处于均衡状态。

（2）阿克陶县平原区地下水总补给量 2.659 亿 m³/a，扣除地下水回归量 0.421 亿 m³/a，则其地下水资源量为 2.238 亿 m³/a。其中，盖孜河平原区地下水补给量为 1.686 亿 m³/a，扣除地下水回归量 0.316 亿 m³/a，则其地下水资源量为 1.370 亿 m³/a。库山河平原区地下水补给量为 0.973 亿 m³/a，扣除地下水回归量 0.106 亿 m³/a，则其地下水资源量为 0.868 亿 m³/a。阿克陶县平原区地下水补给量与地下水排泄量基本相同，地下水基本处于均衡状态。

（3）阿合奇县平原区地下水总补给量 0.784 亿 m³/a，由于阿合奇县无井灌回归量，因此，其地下水资源量为 0.781 亿 m³/a。阿合奇县平原区地下水补给量与地下水排泄量基本相同，地下水基本处于均衡状态。

3.1.5 水资源总量评价

3.1.5.1 分区水资源总量

水资源总量即地表水资源量与地下水与地表水不重复计算量之和。在地表水资源计算中，水文站控制区采用水文站多年实测资料，无控制区采用 1956—2015 年多年平均径流深等值线图量算，实测加量算的计算方法可以避免水文站控制区因量算产生的误差，因此本次地表水资源量计算是合理的。地下水资源量计算过程中，地下水与地表水资源量之间重复计算量为山丘区河川基流量、平原区地表水体补给量、平原区降水入渗补给量形成的河道排泄量之和减去平原区河川基流形成的地表水体补给量。地下水与地表水之间不重复量为山区山前侧向流出量与平原区降水入渗补给量之和减去平原区降水入渗补给量形成的河道排泄量。克州各分区、行政分区水资源量统计见表 3.1-8 及表 3.1-9。由表可以看出，克州水资源总量为 64.480 亿 m³/a。

表 3.1－8　　　　　克州各分区水资源量汇总表　　　　单位：亿 m³

水资源评价分区			地表水资源量	地下水与地表水不重复计算量	水资源总量
二级分区	三级分区	四级分区			
塔里木河源流	阿克苏河流域	托什干河区	11.992	0.125	12.117
	喀什噶尔河流域	硝尔库勒湖区	1.534	2.029	3.563
		布古孜河区	1.858	0.233	2.091
		恰克马克河区	2.019	0.253	2.272
		克孜河区	18.086		18.086
		盖孜河区	15.236	0.256	15.492
		库山河区	6.854	0.111	6.965
		依格孜牙河区	1.524		1.524
	叶尔羌河流域	叶尔羌河上游区	2.370		2.370
合计			61.473	3.007	64.480

注　布古孜河区与恰克马克河区侧向交流量 0.796 亿 m³ 放在布古孜河区核减。

表 3.1－9　　　　　克州各行政分区水资源量汇总表　　　　单位：亿 m³

行政分区	地表水资源量	地下水与地表水不重复计算量	水资源总量
阿克陶县	25.671	0.367	26.038
乌恰县	20.902		20.902
阿图什市	3.634	2.515	6.149
阿合奇县	11.266	0.125	11.391
合计	61.473	3.007	64.480

3.1.5.2　地表水可利用量

地表水可利用量是指在可预见的时期内，在统筹考虑河道内生态环境和其他用水的基础上，流域（或水系）河川径流量中，通过经济合理、技术可行的措施，可供河道外生活、生产、生态用水的一次性最大水量（不包括回归水的重复利用）。

新疆属内陆河区，地表水可利用量计算采用倒算法。根据地表水可利用量的概念，区域地表水可利用量等于入区水量加区内产水后扣除不可能被利用水量和不可以被利用水量。

（1）各河流不可能被利用地表水量为发源于前山带集水面积小、流程短的暴雨山洪沟产水量。根据径流深等值线图量算，区内多年平均山前暴雨洪水产水量为 1.732 亿 m³。

（2）不可以被利用水量包括不可以被利用的出、入区地表水量、河道基流量和通河湖泊、湿地需水量。经初步估算，克州不可以被利用的入区地表水量为 76.427 亿 m³，不可以被利用的出区地表水量为 44.924 亿 m³，河道基流量为 13.299 亿 m³，通河湖泊、湿地需水量为 0.276 亿 m³。通过前述计算分析，地表水可利用量为 13.156 亿 m³。计算成果见表 3.1-10。

表 3.1-10 克州各水资源分区地表水可利用量统计表 单位：亿 m³

分区	地表水资源量	入境（区）水量	总径流量	不可能被利用的水量	不可以被利用的入区水量	不可以被利用的出区水量	河道基流量	通河湖泊、湿地需水量	地表水可利用量
托什干河区	11.992	17.771（入境）	29.763	0.431	8.885	15.472	3.241		1.734
硝尔库勒湖区	1.534		1.534	0.186		0	0.307	0.276	0.765
布古孜河区	1.858		1.858	0.040		0	0.517		1.301
恰克马克河区	2.019		2.019	0.007		0.420	0.328		1.264
克孜河区	18.086	6.057（入境）	24.143	0	3.029	14.860	5.007		1.247
盖孜河区	15.236		15.236	1.042		7.230	2.354		4.610
库山河区	6.854		6.854	0.016		4.150	1.186		1.502
依格孜牙河区	1.524		1.524	0.010		0.800	0.245		0.469
叶尔羌河上游区	2.370	64.513（入区）	66.883	0.000	64.513	1.992	0.114		0.264
合计	61.473	88.341	149.814	1.732	76.427	44.924	13.299	0.276	13.156

3.1.5.3 地下水可开采量

根据 2005 版《新疆地下水资源》，采用开采系数法，对各分区可开采量分别进行计算。经计算，克州平原区地下水可开采量为 2.585 亿 m³/a，其中，阿图什市 1.498 亿 m³/a，阿克陶县

0.852 亿 m³/a，阿合奇县 0.235 亿 m³/a。

3.1.5.4　水资源可利用总量

克州地表水资源量为 61.473 亿 m³，地表水可利用量为 13.156 亿 m³。克州平原区地下水可开采量 2.585 亿 m³。克州全区总的水资源可利用总量为 15.505 亿 m³。

3.1.6　水资源质量

3.1.6.1　地表水资源质量

地表水资源质量分析内容包括：地表水天然水化学特征分析、水质季节性变化、水质沿程变化、水质现状评价、水质变化趋势分析、水功能区水质达标分析。

分析采用《地表水环境质量标准》（GB 3838—2002），分析方法采用单指标评价法，以Ⅲ类地表水标准值作为水体是否超标的判定值（Ⅰ类、Ⅱ类、Ⅲ类水质定义为达标，Ⅵ类、Ⅴ类、劣Ⅴ类水质定义为超标）。分析代表值选用丰水期、枯水期和年平均 3 个值，分不同水期进行分析。

分析参数的选取主要从地表水资源利用角度出发，考虑到多功能用水的水质要求，力求使评价结果能客观反映饮用、灌溉、养殖等多种水资源用途并能直接反映水体污染类型。按照地表水资源用途和使用功能，分析参数选取 pH 值、溶解氧、高锰酸盐指数、化学耗氧量、氨氮、挥发酚、砷、五日生化需氧量、氟、氰、六价铬、汞、镉、铅、铜、锌等 16 项。上述参数基本上能反映地表水水质现状，满足地表水资源分析的要求。

依据上述方法和标准，对克州地区各分区内河流进行分析，结果见表 3.1-11。托什干河设有两处监测断面：契恰尔和沙里桂兰克。该河水质优良，契恰尔断面以上年平均水质为Ⅱ类；沙里桂兰克断面以上年平均水质为Ⅰ类；布古孜河阿俄站以上河段年平均水质为Ⅲ类；恰克马克河目前水质良好，恰其嘎断面以上年平均水质为Ⅰ类；克孜河在克州境内段水质良好，河源至斯木哈纳至牙师水文站及支流卡浪沟吕克河卡浪沟吕克水文站以上年平均水质为Ⅱ类，至卡拉贝利断面，年平均水质为Ⅲ类；盖孜河年平均水质为Ⅱ类，支流维他克河年平均水质为Ⅰ类；喀拉库里河年平均水质为Ⅲ类；库山河年平均水质为Ⅰ类；依格孜牙河年平均水质为Ⅱ类；叶尔羌河在克州境内水质优良，汛期和年平均水质为Ⅱ类，非汛期水质为Ⅰ类。

表 3.1 – 11   评价区地表水水质现状评价结果统计表

评价分区	水质测站	控制河长 /km	现状水质/类		
			全年	汛期	非汛期
托什干河区	契恰尔站	169	Ⅱ	Ⅱ	Ⅱ
	沙里桂兰克站	160	Ⅰ	Ⅱ	Ⅰ
布古孜河区	阿俄站	32	Ⅲ	Ⅲ	Ⅲ
恰克马克河区	恰其嘎站	137	Ⅰ	Ⅰ	Ⅰ
克孜河区	卡浪沟吕克站	101	Ⅱ	Ⅱ	Ⅱ
	斯木哈纳站	62	Ⅱ	Ⅱ	Ⅱ
	牙师站	51	Ⅱ	Ⅱ	Ⅱ
	卡拉贝利站	90	Ⅲ	Ⅱ	Ⅴ
盖孜河区	喀拉库里站	73	Ⅲ	Ⅲ	Ⅱ
	维他克站	34	Ⅰ	Ⅱ	Ⅰ
	克勒克站	187	Ⅱ	Ⅱ	Ⅱ
	三道桥站	28	Ⅱ	Ⅱ	Ⅱ
	塔什米力克渠首站	11	Ⅱ	Ⅱ	Ⅱ
库山河区	沙曼站	86	Ⅰ	Ⅰ	Ⅱ
	木华里闸口站	20	Ⅰ	Ⅰ	Ⅱ
依格孜牙河区	克孜勒塔克站	70	Ⅱ	Ⅱ	Ⅰ

3.1.6.2 地下水资源质量

采用附注评价法对地下水质量进行综合评价。

根据收集的水质检测结果来看，阿图什市地下水水质普遍较差，多为Ⅳ类或Ⅴ类水；仅下伊什塔其水源地水质优良，为Ⅱ类水；吐古买提乡库鲁木都克村水源地水质良好，为Ⅲ类水。阿克陶县地下水水质普遍较好，多为Ⅱ类或Ⅲ类水；松塔克乡克清克村水厂水质为较差，为Ⅳ类水。阿合奇县地下水质量差异较大，部分地区良好，为Ⅱ类或Ⅲ类水；部分地区较差，为Ⅳ类水。

通过对水质较差样品分析可知，其质量受影响的主要原因为总硬度、矿化度、氯化物、硫酸盐指标高于Ⅲ类，个别是因为氨氮、硝酸盐氮指标高于Ⅲ类。分析水质差原因可能与提水井凿井质量有关（上部水质差的潜水未进行封闭止水），另外可能与农业使用氮肥有关。

3.2 水资源开发利用现状分析

3.2.1 供水基础设施调查统计

1. 蓄水工程

截至 2015 年年底，克州已建成水库 17 座，总库容为 10.9378 亿 m³，兴利库容为 5.1623 亿 m³，其中大型水库为布伦口公格尔和卡拉贝利水利枢纽，两座水库总库容为 89700 万 m³，占克州总库容的 82%。克州各水资源利用分区和各县（市）现已建成的蓄水工程统计见表 3.2-1 和表 3.2-2，主要水库情况见表 3.2-3。

表 3.2-1 克州各水资源利用分区已建成蓄水工程汇总表

序号	分区	水源	座数/座	总库容/万 m³	兴利库容/万 m³
1	依格孜牙河区	依格孜牙河			
2	叶尔羌河上游区	叶尔羌河			
3	库山河区	库山河、泉水			
4	盖孜河区	盖孜河、乌鲁阿特河、泉水	3	64565	33300
5	克孜河区	库孜滚河、康苏河、乌如克河、卓尤勒汉苏河、克孜河、吾合沙鲁河、玛尔坎苏河、艾地克河、且木干河、膘尔托阔依河	4	27930	9857

25

序号	分区	水　源	座数/座	总库容/万 m³	兴利库容/万 m³
6	恰克马克河区	苏约克河、托云萨依河、恰克马克河、泉水	4	1230	460
7	布古孜河区	铁列克河、布古孜河、库鲁木都克河、马依丹河、地下水	5	15498	8006
8	哈拉峻盆地	谢依特河、古尔库热河、克尔布拉克昂孜河、地下水	1	155	
9	托什干河区	托什干河、地下水			
	合计		17	109378	51623

表 3.2-2　克州各县（市）现已建成蓄水工程汇总表

序号	分区	座数/座	总库容/万 m³	兴利库容/万 m³
1	阿克陶县	3	64565	33300
2	乌恰县	4	27930	9857
3	阿图什市	10	16883	8466
4	阿合奇县			
	合计	17	109378	51623

表 3.2-3　克州已建成主要水库情况表

分区	序号	水库名称	工程规模	总库容/万 m³	兴利库容/万 m³	运行状况	工程所在地
依格孜牙河区							
叶尔羌河上游区							
库山河区							
盖孜河区	1	阔滚其水库	小（1）型	300		正常	巴仁乡阔滚其村
	2	加马铁热克水库	小（1）型	265		正常	加马铁热克乡西南的贝勒克库勒村
	3	布伦口公格尔水库	大型	64000	33300	已建（2015 年）	布伦口乡

续表

分区	序号	水库名称	工程规模	总库容/万 m³	兴利库容/万 m³	运行状况	工程所在地
克孜河区	1	开普太希水库	小（1）型	986	477	正常	乌恰县城
	2	膘尔托阔依水库	小（1）型	260	100	正常	膘尔托阔依乡
	3	卡拉贝利水库	大型	25700	8800	已建	乌恰县
	4	康苏水库	小（1）型	984	480	在建	康苏镇
恰克马克河区	1	米拉斯库里大桥水库	小型	300	100	正常	上阿图什镇
	2	库吉纳水库	小型	190	90	正常	上阿图什镇
	3	麻扎水库	小型	640	220	正常	阿扎克乡
	4	库木鲁克水库	小型	100	50	正常	上阿图什镇
布古孜河区	1	阿湖水库	中型	4000	2500	正常	阿湖乡
	2	托卡依水库	中型	6000	3486	病险水库	格达良乡
	3	托格拉克水库	中型	5300	2000	正常	红旗农场
	4	季格达布拉克	小型	118		目前停用	松他克乡
	5	阿皮力克水库	小型	80	20	病险水库	格达良乡
哈拉峻盆地	1	谢依提水库	小型	155		目前停用	哈拉峻乡
托什干河区							
合计				109378	51623		

2. 引水工程

截至 2015 年，克州已建成各类引水渠首、分水闸 122 座，设计引水流量为 1352.42m³/s。克州现状引水渠首、分水闸工程统计情况详见表 3.2-4 和表 3.2-5。

表 3.2-4　　克州各水资源利用分区现已建成渠首、分水闸统计表

序号	分区	水　源	座数/座	设计引水流量/(m³/s)
1	依格孜牙河区	依格孜牙河	2	1.35
2	叶尔羌河上游区	叶尔羌河	4	2.15
3	库山河区	库山河、泉水	3	150

续表

序号	分区	水　源	座数/座	设计引水流量/(m³/s)
4	盖孜河区	盖孜河、乌鲁阿特河、泉水	76	1135
5	克孜河区	库孜滚河、康苏河、乌如克河、卓尤勒勒汉苏河、克孜河、吾合沙鲁河、玛尔坎苏河、艾地克河、且木干河、膘尔托阔依河	13	11.36
6	恰克马克河区	苏约克河、托云萨依河、恰克马克河、泉水	3	13
7	布古孜河区	铁列克河、布古孜河、库鲁木都克河、马依丹河、地下水	1	1.5
8	哈拉峻盆地	谢依特河、古尔库热河、克尔布拉克昂孜河、地下水	1	1.5
9	托什干河区	托什干河、地下水	19	36.56
	合计		122	1352.42

表 3.2-5　克州各县（市）现已建成渠首、分水闸统计表

序号	分区	座数/座	设计引水流量/(m³/s)
1	阿克陶县	81	1283.6
2	乌恰县	20	18.76
3	阿图什市	2	13.5
4	阿合奇县	19	36.56
	合计	122	1352.42

3. 输水工程

到 2015 年年底，克州建设的各级渠道共长 5994km，其中已防渗 1702km，防渗率为 28.4%；其中，兴建干渠 118 条，总长为 1285km，防渗长度 729km；支渠 295 条，总长为 1538km，防渗长度 673km；斗渠总长为 2552km，防渗长度 301km；农渠总长为 618km，未做防渗。现状输水渠道情况详见表 3.2-6～表 3.2-9，各级渠道的防渗情况详见表 3.2-10。

表 3.2－6　　　克州各水资源利用分区现已建成干渠统计表

序号	分区	水　源	条数/条	设计引水流量/(m³/s)	总长度/km	防渗长度/km	配套建筑物/座
1	依格孜牙河	依格孜牙河					
2	叶尔羌河上游区	叶尔羌河					
3	库山河区	库山河、泉水	29	349	107	74	117
4	盖孜河区	盖孜河、乌鲁阿特河、泉水	34	314	542	240	614
5	克孜河区	库孜滚河、康苏河、乌如克河、卓尤勒汉苏河、克孜河、吾合沙鲁河、玛尔坎苏河、艾地克河、且木干河、膘尔托阔依河	8	6	72	51	10
6	恰克马克河区	苏约克河、托云萨依河、恰克马克河、泉水	4	13	44	41	0
7	布古孜河区	铁列克河、布古孜河、库鲁木都克河、马依丹河、地下水	8	33	114	94	8
8	哈拉峻盆地	谢依特河、古尔库热河、克尔布拉克昂孜河、地下水	1	1	2	1	0
9	托什干河区	托什干河、地下水	34	43	404	228	192
	合计		118	759	1285	729	941

表 3.2－7　　　克州各县（市）现已建成干渠统计表

序号	分区	条数/条	设计引水流量/(m³/s)	总长度/km	防渗长度/km	配套建筑物/座
1	阿克陶县	59	661	602	285	731
2	乌恰县	13	10	131	92	10
3	阿图什市	12	45	148	124	8
4	阿合奇县	34	43	404	228	192
	合计	118	759	1285	729	941

表 3.2-8　　　　克州各分区现已建成支渠统计表

序号	分区	水源	条数/条	设计引水流量/(m³/s)	总长度/km	防渗长度/km	配套建筑物/座
1	依格孜牙河区	依格孜牙河	0	0	0	0	0
2	叶尔羌河上游区	叶尔羌河	0	0	0	0	0
3	库山河区	库山河、泉水	42	56	158	87	713
4	盖孜河区	盖孜河、乌鲁阿特河、泉水	38	56	592	327	1118
5	克孜河区	库孜滚河、康苏河、乌如克河、卓尤勒汉苏河、克孜河、吾合沙鲁河、玛尔坎苏河、艾地克河、且木干河、膘尔托阔依河	28	0	114	42	49
6	恰克马克河区	苏约克河、托云萨依河、恰克马克河、泉水	21	10	181	27	35
7	布古孜河区	铁列克河、布古孜河、库鲁木都克河、马依丹河、地下水	54	33	247	86	12
8	哈拉峻盆地	谢依特河、古尔库热河、克尔布拉克昂孜河、地下水	2	1	32	17	0
9	托什干河区	托什干河、地下水	110	0	214	87	279
合计			295	156	1538	673	2206

表 3.2-9　　克州各县（市）现已建成主要支渠统计表

序号	分区	条数/条	设计引水流量/(m³/s)	总长度/km	防渗长度/km	配套建筑物/座
1	阿克陶县	76	111	717	402	1831
2	乌恰县	37	1	211	68	96
3	阿图什市	72	44	396	116	0
4	阿合奇县	110	0	214	87	279
	合计	295	156	1538	673	2206

表 3.2-10　　　　克州现状分区渠系防渗情况表

干 渠			支 渠			斗 渠		
长度/km	防渗长度/km	防渗率/%	长度/km	防渗长度/km	防渗率/%	长度/km	防渗长度/km	防渗率/%
1285	729	56.7	1538	673	43.7	2552	301	11.8
农 渠			合 计					
长度/km	防渗长度/km	防渗率/%	长度/km	防渗长度/km	防渗率/%			
619	0	0	5994	1703	28.4			

4. 机井工程

经调查统计，克州已建成的机电井总数共达到 1180 眼，其中，阿图什市 475 眼，阿克陶县 597 眼，乌恰县 25 眼，阿合奇县 83 眼。

5. 污水处理厂和农田排水工程

（1）污水处理厂。克州境内现已建成 4 座污水处理厂，处理能力为 4.66 万 m³/d，实际年处理量为 591 万 m³。其中，阿图什市建成 1 座污水处理厂，处理能力为 2 万 m³/d，实际年处理量为 150 万 m³；阿克陶县建成 1 座污水处理厂，处理能力为 0.96 万 m³/d，实际年处理量为 260 万 m³；阿合奇县建成 1 座污水处理厂，处理能力为 0.45 万 m³/d，实际年处理量为 52 万 m³；乌恰县建成 1 座污水处理厂，处理能力为 1.25 万 m³/d，实际年处理量为 129 万 m³。

（2）农田排水工程。克州的农田排水工程现已形成总干排、干排、支排、斗排四级渠道，总长度为 777.8km，其中，总干排长为

39.5km，干排长为 94.9km，支排长为 345.4km，斗排长为 298.0km。各县（市）排水渠道情况见表 3.2-11。

表 3.2-11   克州各县（市）排水渠道情况表   单位：km

排水渠级别和名称	阿克陶县	阿图什市	乌恰县	合计
总干排	14.5	25.0	0	39.5
干排	62.3	23.0	9.6	94.9
支排	202.6	122.9	20.0	345.4
斗排	202.0	36.0	60.0	298.0
合计	481.4	206.9	89.6	777.8

3.2.2　供水量调查统计

克州供水水源主要为地表水、地下水，其中地下水均为浅层水。供水工程主要为水库工程、渠首工程及机井工程。

克州 2015 年总供水量为 122481 万 m^3。

3.2.3　用水量调查统计

克州用水按工业、生活、农业分别统计，克州现状工业用水量 1624 万 m^3，生活用水量 3509 万 m^3，农业用水量 117348 万 m^3。

3.2.4　用水水平及效率分析

根据克州现状 2015 年的经济社会发展指标和用水量调查统计情况，对克州现状年的用水水平和效率进行分析；分析指标包括综合用水指标、农业用水指标、工业用水指标和生活用水指标。其中，综合用水指标包括人均用水量和万元工业增加值用水量；农业用水指标包括农业综合灌溉用水定额（用亩均用水量表示）、灌溉水利用系数；工业用水指标以单位工业增加值用水量表示；生活用水指标包括城镇生活和农村生活用水指标，均以人均日用水量表示；牲畜用水指标以标准畜头均日用水量表示。

（1）综合用水水平及效率。现状 2015 年年末，克州总人口为

59.78万人，工业增加值为16.95亿元，各业总用水量为12.25亿 m³，人均用水量为2047m³，工业用水量1624万 m³，万元工业增加值用水量为95.8m³。与全疆2015年万元工业增加值用水量43.1m³/万元（引自《2015年新疆水资源公报》）相比，克州现状年国民经济平均用水水平较低。

（2）农业用水水平及效率。克州2015年全州灌溉水利用系数为0.49，低于全疆2015年灌溉水利用系数0.52（引自《新疆高效节水灌溉"十三五"规划》）。克州农业综合毛灌溉定额为847m³/亩；与全疆2015年农业综合毛灌溉定额595m³/亩（引自《新疆水资源公报》）相比，克州农业综合灌溉用水水平低于全疆平均水平。

2015年克州总灌溉面积137.23万亩，其中16.80万亩采用了高效节水灌溉方式，节水灌溉率为12.24%，低于全疆的42%（引自《新疆高效节水灌溉"十三五"规划》）。

（3）工业用水水平及效率。克州2015年工业增加值为16.95亿元，用水量为1624万 m³，万元工业增加值用水量为95.8m³/万元，与全疆2015年万元工业增加值用水量43.1m³/万元（按2010年不变价计算）相比，克州现状年一般工业用水水平低。

（4）生活用水水平及效率。2015年克州城乡总人口59.78万人，人均生活用水指标为144.7L/（人·d）；与《城市综合用水量标准》（SL 366—2006）中西北诸河区大城市人口综合用水指标120～180L/（人·d）相比，克州现状人口综合居民生活用水水平较高。

现状年克州城市管网覆盖率为95%，但管道建设年限较早，标准较低，存在跑冒滴漏现象，城市管网漏失率为10%，与《城市供水管网漏损控制及评定标准》（CJJ 92—2002）中城市供水企业管网基本漏损率不应大于12%相比，克州城市供水管网漏失率满足规范要求，但仍需进一步加快老旧管线的更新改造。克州农村供水管网漏失率略大于规范要求，需进一步杜绝跑冒滴漏现象。

3.2.5　水资源开发利用程度分析

1. 地表水开发利用程度

地表水开发利用程度为地表水利用量与地表水资源量的比值。

根据现状调查，克州现状地表水利用量为 11.31 亿 m³；根据水资源评价成果，克州地表水资源量为 61.473 亿 m³，则克州地表水开发利用程度为 18.4％。克州现状年各市县地表水开发利用程度详见表 3.2-12。

表 3.2-12　　　克州现状年地表水开发利用程度一览表

行政区名称	地　表　水		
	用水量/亿 m³	水资源量/亿 m³	开发利用率/%
阿图什市	2.73	3.634	75.1
乌恰县	2.22	20.902	10.6
阿克陶县	4.29	25.671	16.7
阿合奇县	2.07	11.266	18.4
合计	11.31	61.473	18.4

注　水资源量中不含入境水量。

2. 地下水开发利用程度

地下水开发利用程度为地下水利用量与地下水资源量的比值，根据现状调查，克州现状地下水利用量为 0.902 亿 m³；根据水资源评价成果，克州地下水资源量为 4.961 亿 m³，则克州地下水开发利用率为 18.2％。克州现状年各市县地下水开发利用程度详见表 3.2-13。

表 3.2-13　　克州现状年地下水开发利用程度一览表

行政区名称	平原区浅层地下水		
	开采量/亿 m³	地下水资源量/亿 m³	开发利用率/%
阿图什市	0.6447	3.312	19.5
乌恰县	0	0	0
阿克陶县	0.2573	0.868	29.6
阿合奇县	0	0.781	0
合计	0.902	4.961	18.2

第4章

经济社会发展及需水预测分析

4.1 经济社会发展总体思路

克州是我国向西开放的最前沿和西部重要的战略安全屏障。根据《克孜勒苏柯尔克孜自治州国民经济和社会发展第十三个五年规划纲要》，提出"十三五"期间，克州经济社会发展要适应新常态、把握新常态、引领新常态，充分发挥资源、区位、政策"三大优势"，坚持"五位一体""五化同步"和优势优先，坚持以工业化做强经济、以城镇化革新面貌、以产业化提升农业，大力实施经济工作"3435"工程（抢抓第二次中央新疆工作座谈会和自治区党委南疆工作会议、"四个全面"战略布局、建设丝绸之路经济带"三大机遇"，实施资源转化、工业强州、开发带动、生态立州"四大战略"，建设金属采选冶、清洁能源、新型建材"三大基地"，实现农业提质、工业提速、环境提档、服务提升、收入提高"五大突破"），加快构建园区就业产业、特色优势产业、商贸物流产业体系，着力在优化结构、增强动力、化解矛盾、补齐短板上取得突破性进展，努力打造丝绸之路经济带核心区的重要门户、中巴经济走廊的重要节点和南疆向西开放的重要通道，走出一条符合克州实际、具有克州特色、适应和引领发展新常态的创新、协调、绿色、开放、共享的科学发展之路。

4.2 国民经济主要发展指标分析与预测

4.2.1 人口发展指标

1. 总人口

根据《克孜勒苏柯尔克孜自治州统计年鉴（2016 年）》《克孜勒苏柯尔克孜自治州领导干部手册（2016）》及各县（市）领导干部手册，现状 2015 年，克州总人口为 59.78 万人，其中，阿克陶县人口为 22.16 万人，乌恰县人口为 6.13 万人，阿图什市人口为 26.93 万人，阿合奇县人口为 4.56 万人。

克州 2010—2015 年间人口自然增长率基本维持在 13.0‰左右。根据《克孜勒苏柯尔克孜自治州国民经济和社会发展第十三个五年规划纲要》，2020 年克州人口自然增长率控制在 13.35‰以内。考虑到克州正面临经济社会的大发展时期，加上阿图什市工业园区、乌恰县工业园区和阿克陶工业园区的建成，工业处于大发展时期，加上旅游的快速发展，克州流动人口迅速增加。同时结合《克州城镇体系规划（2012—2030）》《乌恰县城市总体规划（2010—2030）》《新疆阿图什市城市总体规划（2010—2030）》《新疆阿合奇县城市总体规划》及《新疆阿克陶县城市总体规划》，至 2020 年克州人口将达到 68 万人，2030 年克州人口将达到 80 万人。同时考虑国家计划生育政策调整，必将带动克州人口发展保持较高的自然增长。根据克州的现状经济基础和其在全疆的地位，以及国家和自治区的宏观政策来分析，规划期内，克州人口增长除自然增长外，机械增长将占一定比例。本次确定水平年克州近期（2015—2025）人口平均增长率为 19.1‰，远期（2025—2035）人口平均增长率为 17.2‰。据此预测，2025 年克州人口为 72.25 万人，2035 年克州人口为 85.65 万人。

克州各分区人口发展指标预测结果详见表 4.2-1，各县（市）人口发展指标预测结果详见表 4.2-2。

克州各分区人口发展指标预测结果表 表 4.2-1

分区	2015年人口/万人			2025年人口/万人			增长率/‰ (2015—2025年)	2035年人口/万人			增长率/‰ (2025—2035年)
	城镇	农村	小计	城镇	农村	小计		城镇	农村	小计	
叶尔羌河上游区	0.06	1.40	1.46	0.62	1.10	1.72	17.0	1.20	0.80	2.00	15.0
依格孜牙河区	0.05	1.18	1.23	0.52	0.93	1.45	17.0	1.01	0.68	1.69	15.0
库山河区	0.22	5.26	5.48	2.33	4.15	6.48	17.0	4.51	3.01	7.52	15.0
盖孜河区	1.01	14.62	15.63	7.16	11.40	18.56	17.3	13.20	8.40	21.60	15.3
克孜河区	0.92	2.52	3.44	2.51	1.68	4.19	20.0	3.51	1.50	5.01	18.0
恰克马克河区	2.63	5.20	7.83	5.79	3.85	9.63	20.4	8.77	2.85	11.62	18.4
布古孜河区	6.28	12.16	18.44	13.49	8.99	22.48	20.0	19.80	6.29	26.09	15.0
哈拉峻盆地	0.58	1.13	1.71	1.27	0.84	2.10	21.0	1.93	0.61	2.54	19.0
托什干河区	1.63	2.93	4.56	3.24	2.16	5.40	17.0	4.26	2.01	6.27	15.0
合计	13.38	46.40	59.78	36.93	35.10	72.02	19.1	58.19	26.15	84.34	17.2
城镇化率/%	22.4			51.3				69.0			

注 红旗农场人口在布古孜河区，现状人口0.39万人，2025年为0.45万人，2035年为0.53万人。托云牧场在恰克马克河区，现状人口0.09万人，2025年为0.11万人，2035年为0.13万人。

克州各县（市）人口发展指标预测结果表 表 4.2-2

行政区		2015年			2025年			增长率/‰ (2015—2025年)	2035年			增长率/‰ (2025—2035年)
		城镇	农村	小计	城镇	农村	小计		城镇	农村	小计	
阿克陶县	人口/万人	0.91	21.25	22.16	9.44	16.78	26.22	17.0	18.25	12.18	30.43	15.0
	城镇化率/%	4.1			36.0				60.0			
乌恰县	人口/万人	1.65	4.48	6.13	4.48	2.99	7.47	20.0	6.24	2.67	8.91	18.0
	城镇化率/%	26.9			60.0				60.0			
阿图什市	人口/万人	9.20	17.73	26.93	19.77	13.17	32.94	21.0	29.44	9.29	38.73	19.0
	城镇化率/%	34.2			60.0				70.0			
阿合奇县	人口/万人	1.63	2.94	4.56	3.24	2.16	5.40	17.0	4.26	2.01	6.27	17.0
	城镇化率/%	35.6			60.0				68.0			
合计	人口/万人	13.38	46.40	59.78	36.93	35.10	72.03	19.1	58.19	26.15	84.34	17.2
	城镇化率/%	22.4			51.3				69.0			

2. 城镇人口与农村人口

目前，克州城镇化水平在 22.4% 左右，随着克州城镇建设和基础设施建设的进一步提高，加上各县（市）工业园区的建设，将加速推进克州城镇化建设。根据《克孜勒苏柯尔克孜自治州国民经济和社会发展第十三个五年规划纲要》，2020 年克州户籍人口城镇化率预期将达到 36%。同时结合《克州城镇体系规划（2012—2030）》《乌恰县城市总体规划（2010—2030）》《新疆阿图什市城市总体规划（2010—2030）》《新疆阿合奇县城市总体规划》及《新疆阿克陶县城市总体规划》成果，克州 2020 年城镇化率为 53%～58%，2030 年城镇化率为 63%～68%。综上分析，同时考虑克州实际情况，预计 2025 年克州城镇化率将达到 51.3%，2035 年城镇化率将达到 69.0%。经计算，2025 年克州人口达到 72.03 万人，其中城镇人口 36.93 万人，农村人口 35.10 万人；2035 年克州人口达到 84.34 万人，其中城镇人口 58.19 万人，农村人口 26.15 万人。

克州各分区人口发展指标详见表 4.2-1，各县（市）人口发展指标详见表 4.2-2。

4.2.2 工业发展指标

工业是推动克州跨越式发展、经济腾飞的有力支柱，加快推进克州各县（市）新型工业化进程，是中央新疆工作座谈会及新疆维吾尔自治区党委历次全委（扩大）会议作出的重大战略部署，是实现克州跨越式发展和长治久安的迫切需要，也是克州各县（市）破解发展难题、实现产业转型升级的迫切需要。克州矿产资源、能源等十分丰富，具备资源开发和加工的工业基础。从克州各县（市）实际出发，通过实施新型工业化发展战略，做大做强特色优势产业，促进传统产业转型升级，培育发展战略性新兴产业，大力发展生产性服务业，着力构建增长速度快、经济效益好、科技含量高、辐射带动广、产业结构合理、资源高效利用、生态环境可持续的现代产业体系，全力推进新型工业化的发展进程。

工业需水按定额法计算，按一般工业、火电和煤炭开采分别预测。一般工业按万元增加值取水量预测，火电按单位装机取水量预测，煤炭开采分井采和露采，按吨煤取水量预测。据调查，克州火电和煤炭开采很少，可忽略不计。本书工业需水按万元增加值取水量预测。万元工业增加值取水量采用《新疆用水总量控制方案》（新疆维吾尔自治区水利厅）、《克州用水总量控制方案》（克孜勒苏柯尔克孜自治州水利局）给出的限值。

克州各县（市）万元工业增加值用水量详见表 4.2-3。

表 4.2-3　克州各县（市）万元工业增加值用水量表

序号	行政区	2015 年		2025 年		2035 年	
		工业增加值/万元	万元增加值用水量/(m³/万元)	工业增加值/万元	万元增加值用水量/(m³/万元)	工业增加值/万元	万元增加值用水量/(m³/万元)
1	阿克陶县	38472	86	172692	70	521635	50
2	乌恰县	44463	98	554684	70	831740	50
3	阿图什市	71981	101	227888	70	542244	50
4	阿合奇县	14617	86	66432	70	277241	50
	合计	169533		1021696		2172860	

注　新疆生产建设兵团第三师的红旗农场和托云牧场工业增加值为 690 万元，含在阿图什市。

4.2.3　灌溉面积发展指标

（1）现状灌溉面积。克州现状 2015 年灌溉面积为 137.22 万亩，其中粮食作物灌溉面积为 54.38 万亩，经济作物灌溉面积为 18.14 万亩，林果业灌溉面积为 38.79 万亩，牧业灌溉面积为 25.91 万亩。克州现状复播灌溉面积为 5.68 万亩。

（2）规划水平年灌溉面积。根据克州的农业发展特点和思路，结合《克孜勒苏柯尔克孜自治州国民经济和社会发展第十三个五年规划纲要》《克州农业发展"十三五"规划》和《克州林业"十三五"发展规划》等，以《新疆用水总量控制方案》和《克州用水总量控制方案》为约束，水平年克州灌溉面积近期 2025 年为 133.19 万亩，复播面积为 27.43 万亩；远期 2035 年为 130.34 万亩，复播面积为 27.43 万亩。

克州各分区现状及水平年灌溉面积发展指标见表 4.2-4，各县（市）灌溉面积发展指标见表 4.2-5。

表 4.2－4 克州各分区现状及水平年灌溉面积发展指标表

单位：万亩

项目			叶尔羌河上游区	依格孜牙河区	库山河区	盖孜河区	克孜河区	恰克玛克河区	布古孜河区	哈拉峻盆地	托什干河区	合计
2015年	种植业	粮食作物	2.07	0.17	9.82	21.01	1.02	6.89	6.77	0.70	5.94	54.39
		经济作物	0.00	0.00	3.74	7.92	0.17	0.34	3.77	0.40	1.81	18.14
		小计	2.07	0.17	13.56	28.93	1.19	7.23	10.54	1.10	7.75	72.53
	林果业		0.08	0.10	3.22	13.83	2.61	5.62	9.67	0.65	3.00	38.79
	牧业		0.12	0.23	0.16	2.59	1.61	0.30	4.13	1.45	15.32	25.91
	合计		2.27	0.50	16.94	45.35	5.41	13.15	24.34	3.20	26.07	137.23
2025年	种植业	粮食作物	2.07	0.17	9.88	21	1.02	5.16	6.78	0.70	5.94	52.72
		经济作物	0.00	0.00	3.68	7.56	0.17	0.34	3.77	0.40	1.81	17.73
		小计	2.07	0.17	13.56	28.56	1.19	5.50	10.55	1.10	7.75	70.45
	林果业		0.08	0.10	2.47	12.66	2.61	5.62	9.67	0.65	3.00	36.86
	牧业		0.12	0.23	0.15	2.59	1.61	0.28	4.13	1.45	15.32	25.88
	合计		2.27	0.50	16.18	43.81	5.41	11.40	24.35	3.20	26.07	133.19
2035年	种植业	粮食作物	2.07	0.17	9.88	21.01	1.02	5.16	6.78	0.70	5.94	52.72
		经济作物	0.00	0.00	3.15	6.90	0.17	0.34	3.77	0.40	1.81	16.55
		小计	2.07	0.17	13.03	27.91	1.19	5.50	10.55	1.10	7.75	69.27
	林果业		0.08	0.10	2.28	12.43	2.61	5.62	9.67	0.65	3.00	36.44
	牧业		0.12	0.23	0.15	2.59	1.61	0.29	2.87	1.45	15.32	24.63
	合计		2.27	0.50	15.46	42.93	5.41	11.41	23.09	3.20	26.07	130.34

注 新疆生产建设兵团第三师红旗农场现状灌溉面积为2.58万亩，托云牧场现状灌溉面积为0.54万亩，水平年灌溉面积不增加。

表 4.2－5　克州各县（市）现状及水平年灌溉面积
发展指标表　　　　　　　单位：万亩

项　　目		阿克陶县	乌恰县	阿图什市	阿合奇县	合计
2015年	种植业 粮食作物	31.85	3.12	13.48	5.94	54.39
	种植业 经济作物	11.45	0.52	4.36	1.81	18.14
	种植业 小计	43.30	3.64	17.84	7.75	72.53
	林果业	9.70	10.39	15.70	3.00	38.79
	牧业	0.74	4.21	5.64	15.32	25.91
	合计	53.74	18.24	39.18	26.07	137.23
2025年	种植业 粮食作物	31.91	3.12	11.75	5.94	52.72
	种植业 经济作物	11.04	0.52	4.36	1.81	17.73
	种植业 小计	42.95	3.64	16.11	7.75	70.45
	林果业	7.77	10.39	15.70	3.00	36.86
	牧业	0.73	4.21	5.62	15.32	25.88
	合计	51.45	18.24	37.43	26.07	133.19
2035年	种植业 粮食作物	31.91	3.12	11.75	5.94	52.72
	种植业 经济作物	9.86	0.52	4.36	1.81	16.55
	种植业 小计	41.77	3.64	16.11	7.75	69.27
	林果业	7.35	10.39	15.70	3.00	36.44
	牧业	0.73	4.21	4.37	15.32	24.63
	合计	49.85	18.24	36.18	26.07	130.34

（3）大农业结构。现状 2015 年克州灌溉面积为 137.23 万亩，农林牧结构比例为 52.9∶28.3∶18.9；近期 2025 年克州灌溉面积调整到 133.19 万亩，农林牧结构比例为 52.9∶27.7∶19.4；远期 2030 年克州灌溉面积调整为 130.34 万亩，农林牧结构比例为 53.1∶28.0∶18.9。

克州大农业结构见表 4.2－6。

表 4.2-6 克州大农业结构统计表

项 目		2015 年	2025 年	2035 年
灌溉面积/万亩		137.23	133.19	130.34
大农业	种植业面积/万亩	72.53	70.45	69.27
	林果业面积/万亩	38.79	36.86	36.44
	牧业面积/万亩	25.91	25.88	24.63
	农:林:牧	52.9:28.3:18.9	52.9:27.7:19.4	53.1:28.0:18.9

（4）高效节水面积。目前，克州高效节水灌溉面积为 16.80 万亩，节灌率为 12.2%，节灌率较低。根据目前克州种植业结构实际，结合《克孜勒苏柯尔克孜自治州国民经济和社会发展第十三个五年规划纲要》《克州农业发展"十三五"规划》《克州农业节水发展规划》《新疆维吾尔自治区高效节水"十三五"规划》《新疆用水总量控制方案》和《克州用水总量控制方案》，水平年应积极大力提高农业节灌率，特别是小麦、棉花、玉米、林果业等作物，要积极推广滴灌节水技术，至 2025 年克州高效节水灌溉面积达到 78.90 万亩，节灌率增长至 59.2%；2035 年克州高效节水灌溉面积达到 95.04 万亩，节灌率增长至 72.9%。

克州各分区高效节水灌溉面积发展指标见表 4.2-7，各县（市）高效节水灌溉面积发展指标见表 4.2-8。

表 4.2-7 克州各分区高效节水灌溉面积发展指标表 单位：万亩

分 区	2015 年	2025 年	2035 年
叶尔羌河上游区	0.00	1.92	2.21
依格孜牙河区	0.00	0.26	0.50
库山河区	0.56	12.45	14.96
盖孜河区	5.12	31.83	39.29
克孜河区	1.50	3.04	3.04
恰克马克河区	2.55	2.23	3.65
布古孜河区	3.31	17.08	18.51
哈拉峻盆地	1.58	1.21	2.30
托什干河区	2.18	8.88	10.58
合计	16.80	78.90	95.04

表 4.2－8　克州各县（市）高效节水灌溉面积发展指标表　单位：万亩

水平年	阿克陶县	乌恰县	阿图什市	阿合奇县	合计
2015 年	2.45	4.89	7.28	2.18	16.80
2025 年	37.65	12.09	20.28	8.88	78.90
2035 年	47.85	12.39	24.22	10.58	95.04

4.2.4　牲畜发展指标

2015 年末克州牲畜存栏 255.63 万头（标准畜），其中，阿克陶县年末牲畜存栏 98.19 万头（标准畜），乌恰县年末牲畜存栏 45.49 万头（标准畜），阿图什市年末牲畜存栏 73.46 万头（标准畜），阿合奇县年末牲畜存栏 38.49 万头（标准畜）。

依据克州国民经济发展规划和《克州畜牧业"十三五"发展规划》等专业规划，牲畜现状及水平年发展指标见表 4.2－9 和表 4.2－10。

表 4.2－9　　　　　克州各分区牲畜发展指标表　　　单位：标准畜万头

分区	2015 年	2025 年	2035 年	增长率/% (2015—2025 年)	增长率/% (2025—2035 年)
叶尔羌河上游区	14.31	17.44	18.33	2.0	0.5
依格孜牙河区	23.24	28.33	29.78	2.0	0.5
库山河区	11.47	13.98	14.69	2.0	0.5
盖孜河区	63.08	77.93	82.10	2.0	0.5
克孜河区	14.09	18.21	19.34	2.6	0.6
恰克马克河区	28.06	35.13	37.10	2.6	0.6
布古孜河区	41.17	50.54	53.19	2.0	0.5
哈拉峻盆地	21.72	26.48	27.84	2.0	0.5
托什干河区	38.49	46.92	49.81	2.0	0.6
合计	255.63	314.96	332.18		

表 4.2-10　　　　克州各县（市）牲畜发展指标表　单位：标准畜万头

行政区	2015 年	2025 年	2035 年	增长率/%（2015—2025 年）	增长率/%（2025—2035 年）
阿克陶县	98.19	119.68	125.81	2.0	0.5
乌恰县	45.49	58.81	62.43	2.6	0.6
阿图什市	73.46	89.55	94.13	2.0	0.5
阿合奇县	38.49	46.92	49.81	2.0	0.6
合计	255.63	314.96	332.18		

　　克州草畜平衡见表 4.2-11，由表 4.2-11 可以看出，克州草地资源完全可以承载规划年牲畜发展。

表 4.2-11　　　　　克州草畜平衡表

项　　目			2015 年	2025 年	2035 年
人工牧草载畜量	小麦	种植面积/万亩	39.61	38.08	38.08
		秸秆单产/(kg/亩)	300.00	300.00	300.00
		总产/万 kg	11882.11	11424.91	11424.91
	大麦	种植面积/万亩	0.91	0.91	0.91
		秸秆单产/(kg/亩)	400.00	400.00	400.00
		总产/万 kg	365.80	365.80	365.80
	玉米	种植面积/万亩	12.79	12.65	12.65
		秸秆单产/(kg/亩)	750.00	750.00	750.00
		总产/万 kg	9589.20	9490.43	9490.43
	青贮玉米	种植面积/万亩	4.30	4.28	3.03
		秸秆单产/(kg/亩)	800.00	800.00	800.00
		总产/万 kg	3440.24	3423.44	2420.88
	苜蓿	种植面积/万亩	21.61	21.60	21.60
		牧草单产/(kg/亩)	500.00	500.00	500.00
		总产/万 kg	10807.07	10800.42	10800.42

续表

项　目			2015 年	2025 年	2035 年
人工牧草载畜量	其他饲草	种植面积/万亩			
		单产/(kg/亩)	500.00	500.00	500.00
		总产/万 kg	0.00	0.00	0.00
	人工牧草产量合计/万 kg		36084.41	35504.99	34502.43
	理论畜均补草/[kg/(头·a)]		548.00	548.00	548.00
	理论人工牧草载畜/万标准头		65.85	64.79	62.96
天然草场载畜量	天然草场面积/万亩		4585.00	4585.00	4585.00
	承载 1 万头标准畜所需天然草场面积/万亩		10.00	10.00	10.00
	天然草场载畜量/万标准头		458.50	458.50	458.50
人工和天然草场载畜量/万标准头			524.35	523.29	521.46
预测牲畜年末存栏头数/万标准头			255.63	314.96	332.18
平衡差（载畜量－预测值）/万标准头			268.72	208.33	189.28

4.2.5　渔业发展指标

据调查，克州现状鱼塘补水面积为 300 亩。结合克州的现状条件及渔业发展规划，水平年克州渔业池塘养殖面积维持现状不变。

4.2.6　绿地发展指标

2015 年克州绿地面积达到 2.04 万亩。为了进一步改善克州内部整体生态环境，有效缓解外围环境对城市的影响，克州将建设规模化的城市内部绿地体系，根据克州及各县（市）林业局规划，结合《新疆用水总量控制方案》和《克州用水总量控制方案》，至 2025 年克州绿化面积达到 4.26 万亩，2035 年绿化面积达到 4.40 万亩。

4.2.7　经济社会发展指标汇总

克州各水平年各业发展指标汇总详见表 4.2－12 和表 4.2－13。

表4.2-12 克州各分区各水平年各业发展指标汇总表

分区	水平年	城镇人口/万人	城镇化率/%	农村人口/万人	合计/万人	灌溉面积/万亩		高效节水面积/万亩	工业增加值/万元	牲畜/标准畜万头	渔业/万亩	绿化/万亩
						不含复播	含复播					
叶尔羌河上游区	2015年	0.06	4.1	1.40	1.46	2.27	2.27	0.00	0	14.31	0.00	0.00
	2025年	0.62	36.0	1.10	1.72	2.27	2.27	1.92	0	17.44	0.00	0.00
	2035年	1.20	60.0	0.80	2.00	2.27	2.27	2.21	0	18.33	0.00	0.00
依格孜牙河区	2015年	0.05	4.1	1.18	1.23	0.50	0.50	0.00	0	23.24	0.00	0.00
	2025年	0.52	36.0	0.93	1.45	0.50	0.50	0.26	0	28.33	0.00	0.00
	2035年	1.01	60.0	0.68	1.69	0.50	0.50	0.50	0	29.78	0.00	0.00
库山河区	2015年	0.22	4.1	5.26	5.48	16.94	16.94	0.56	5771	11.47	0.00	0.23
	2025年	2.33	36.0	4.15	6.48	16.18	25.55	12.45	25904	13.98	0.00	0.65
	2035年	4.51	60.0	3.01	7.52	15.46	24.83	14.96	78245	14.69	0.00	0.70
盖孜河区	2015年	1.01	6.5	14.62	15.63	45.35	46.23	5.12	32701	63.08	0.00	0.24
	2025年	7.16	38.6	11.40	18.56	43.81	57.13	31.83	146788	77.93	0.00	0.65
	2035年	13.20	61.1	8.40	21.60	42.93	56.24	39.29	443390	82.10	0.00	0.70
克孜河区	2015年	0.92	26.8	2.52	3.44	5.41	8.66	1.50	44463	14.09	0.00	0.37
	2025年	2.51	60.0	1.68	4.19	5.41	8.66	3.04	554684	18.21	0.00	0.44
	2035年	3.51	70.0	1.50	5.01	5.41	8.66	3.04	831740	19.34	0.00	0.44

续表

分区	水平年	城镇人口/万人	城镇化率/%	农村人口/万人	合计/万人	灌溉面积/万亩		高效节水面积/万亩	工业增加值/万元	牲畜/标准万头	渔业/万亩	绿化/万亩
						不含复播	含复播					
恰克马克河区	2015年	2.63	33.6	5.20	7.83	13.15	13.69	2.55	71981	28.06	0.00	1.00
	2025年	5.79	60.0	3.85	9.64	11.40	11.95	2.23	227888	35.13	0.00	1.70
	2035年	8.77	75.5	2.85	11.62	11.41	11.95	3.65	542244	37.10	0.00	1.73
布古孜河区	2015年	6.28	34.0	12.16	18.44	24.35	24.54	3.31	0	41.17	0.03	0.00
	2025年	13.49	60.0	8.99	22.48	24.34	24.50	17.08	0	50.54	0.03	0.00
	2035年	19.80	75.9	6.29	26.09	23.09	23.24	18.51	0	53.19	0.03	0.00
哈拉峻盆地	2015年	0.58	34.2	1.13	1.71	3.20	3.20	1.58	0	21.72	0.00	0.00
	2025年	1.27	60.0	0.84	2.11	3.20	3.20	1.21	0	26.48	0.00	0.00
	2035年	1.93	76.0	0.61	2.54	3.20	3.20	2.30	0	27.84	0.00	0.00
托什干河区	2015年	1.63	35.6	2.93	4.56	26.07	26.87	2.18	14617	38.49	0.00	0.20
	2025年	3.24	60.0	2.16	5.40	26.07	26.87	8.88	66432	46.92	0.00	0.82
	2035年	4.26	68.0	2.01	6.27	26.07	26.87	10.58	277241	49.81	0.00	0.83
合计	2015年	13.38	22.4	46.40	59.78	137.23	142.91	16.80	169533	255.63	0.03	2.04
	2025年	36.93	51.3	35.10	72.03	133.19	160.62	78.90	1021696	314.96	0.03	4.26
	2035年	58.19	69.0	26.15	84.34	130.34	157.76	95.04	2172860	332.18	0.03	4.40

表 4.2 - 13　克州各县（市）各水平年各业发展指标汇总表

分区	水平年	城镇人口/万人	城镇化率/%	农村人口/万人	合计/万人	灌溉面积/万亩		高效节水面积/万亩	工业增加值/万元	牲畜标准/万头	渔业/万亩	绿化/万亩
						不含复播	含复播					
阿克陶县	2015 年	0.91	4.1	21.25	22.15	53.74	53.74	2.45	38472	98.19	0.00	0.47
	2025 年	9.44	36.0	16.78	26.22	51.44	73.24	37.65	172692	119.68	0.00	1.30
	2035 年	18.25	60.0	12.18	30.43	49.84	71.64	47.85	521635	125.81	0.00	1.40
乌恰县	2015 年	1.65	26.9	4.48	6.13	18.24	23.02	4.89	44463	45.49	0.00	0.37
	2025 年	4.48	60.0	2.99	7.47	18.24	23.02	12.09	554684	58.81	0.00	0.44
	2035 年	6.24	70.0	2.67	8.91	18.24	23.02	12.39	831740	62.43	0.00	0.44
阿图什市	2015 年	9.20	34.2	17.73	26.93	39.18	39.28	7.28	71981	73.46	0.03	1.00
	2025 年	19.77	60.0	13.17	32.94	37.43	37.49	20.28	227888	89.55	0.03	1.70
	2035 年	29.44	76.0	9.29	38.73	36.18	36.23	24.22	542244	94.13	0.03	1.73
阿合奇县	2015 年	1.63	35.6	2.94	4.56	26.07	26.87	2.18	14617	38.49	0.00	0.20
	2025 年	3.24	60.0	2.16	5.40	26.07	26.87	8.88	66432	46.92	0.00	0.82
	2035 年	4.26	68.0	2.01	6.27	26.07	26.87	10.58	277241	49.81	0.00	0.83
合计	2015 年	13.38	22.4	46.40	59.78	137.23	142.91	16.80	169533	255.63	0.03	2.04
	2025 年	36.93	51.3	35.10	72.03	133.19	160.62	78.90	1021696	314.96	0.03	4.26
	2035 年	58.19	69.0	26.15	84.34	130.34	157.76	95.04	2172860	332.18	0.03	4.40

4.2.8 水库灌区经济社会发展指标

克州各水库灌区分布在各水资源利用分区中，经预测，各水库灌区国民经济发展指标详见表4.2-14。

表 4.2-14　　克州各水库灌区国民经济发展指标汇总表

水库灌区	所属分区	水平年	人口/万人			灌溉面积/万亩	高效节水面积/万亩	工业增加值/万元	牲畜/标准畜万头	渔业/万亩	绿化/万亩
			城镇人口	农村人口	合计						
乌鲁瓦提水库灌区	盖孜河区	2015年	0.25	0.70	0.95	6.00	0.94	0.00	5.46	0.00	0.00
		2025年	0.75	0.41	1.16	6.00	1.50	0.00	7.06	0.00	0.00
		2035年	1.04	0.35	1.38	6.00	1.50	0.00	7.49	0.00	0.00
阿合奇水库灌区	克孜河区	2015年	0.18	0.50	0.69	4.29	2.29	0.00	8.46	0.00	0.00
		2025年	0.54	0.29	0.84	4.29	3.81	0.00	10.93	0.00	0.00
		2035年	0.75	0.25	1.00	4.29	4.04	0.00	11.61	0.00	0.00
铁列克水库灌区	布古孜河区	2015年	0.10	0.27	0.37	1.25	0.03	0.00	4.84	0.00	0.00
		2025年	0.29	0.16	0.45	2.77	0.05	0.00	6.26	0.00	0.00
		2035年	0.40	0.13	0.53	2.77	0.05	0.00	6.64	0.00	0.00
托帕水库灌区	恰克马克河区	2015年	2.63	5.20	7.83	13.15	2.20	71981	28.06	0.00	1.00
		2025年	5.82	3.81	9.64	11.41	2.90	227888	35.13	0.00	1.70
		2035年	8.82	2.80	11.62	11.41	3.65	466244	37.10	0.00	1.73
乔诺水库灌区	克孜河区	2015年	0.00	0.71	0.71	0.61	0.00	39280	5.55	0.00	0.00
		2025年	0.00	0.76	0.76	0.61	0.00	228671	8.17	0.00	0.00
		2035年	0.00	0.76	0.76	0.61	0.00	336140	10.61	0.00	0.00

4.3　需水预测

4.3.1　生活需水预测

克州生活需水包括居民生活需水和第三产业需水两部分，采用人均日用水量方法进行预测。

生活需水分城市综合生活和乡村生活需水两类，采用人均日用水量方法进行预测。城市综合生活需水包括城市居民日常生活需水和公共建筑需水。

克州水平年生活用水定额及利用系数见表4.3-1，各分区水平年生活需水量见表4.3-2，各县（市）水平年生活需水量见表4.3-3。

表 4.3-1　　　克州水平年生活用水定额及利用系数表

项　　目		2015 年	2025 年	2035 年	利用系数		
					2015 年	2025 年	2035 年
城镇综合生活净定额/[L/(人·d)]	叶尔羌河上游区	210	240	245	0.9	0.9	0.9
	依格孜牙河区	210	240	245	0.9	0.9	0.9
	库山河区	210	240	245	0.9	0.9	0.9
	盖孜河区	209	238	244	0.9	0.9	0.9
	克孜河区	200	220	230	0.9	0.9	0.9
	恰克马克河区	204	228	238	0.9	0.9	0.9
	布古孜河区	209	238	248	0.9	0.9	0.9
	哈拉峻盆地	210	240	250	0.9	0.9	0.9
	托什干河区	200	220	230	0.9	0.9	0.9
农村生活净定额/[L/(人·d)]	叶尔羌河上游区	90	100	110	0.85	0.9	0.9
	依格孜牙河区	90	100	110	0.85	0.9	0.9
	库山河区	90	100	110	0.85	0.9	0.9
	盖孜河区	90	100	110	0.85	0.9	0.9
	克孜河区	90	100	110	0.85	0.9	0.9
	恰克马克河区	90	100	110	0.85	0.9	0.9
	布古孜河区	90	100	110	0.85	0.9	0.9
	哈拉峻盆地	90	100	110	0.85	0.9	0.9
	托什干河区	90	100	110	0.85	0.9	0.9

注　城镇生活用水定额含市政、三产用水。

表 4.3 - 2　　　克州各分区水平年生活需水量表　　　单位：万·m³

分　区	2015 年		2025 年		2035 年	
	净需水	毛需水	净需水	毛需水	净需水	毛需水
叶尔羌河上游区	50.4	59.0	94.6	105.1	139.4	154.8
依格孜牙河区	42.6	49.8	79.8	88.7	117.6	130.7
库山河区	189.7	222.1	355.9	395.4	524.5	582.8
盖孜河区	556.1	649.3	1034.3	1149.1	1508.7	1676.4
克孜河区	149.9	172.0	263.1	292.4	354.7	394.2
恰克马克河区	371.9	424.4	643.5	715.0	909.7	1010.8
布古孜河区	880.3	1004.2	1507.7	1675.3	2056.4	2284.8
哈拉峻盆地	81.8	93.3	141.4	157.1	200.7	223.0
托什干河区	215.3	245.5	339.2	376.9	438.5	487.2
合计	2538.0	2919.6	4459.5	4955.0	6250.2	6944.7

表 4.3 - 3　　　克州各县（市）水平年生活需水量表　　　单位：万 m³

行政区	2015 年		2025 年		2035 年	
	净需水	毛需水	净需水	毛需水	净需水	毛需水
阿克陶县	767.4	898.3	1439.3	1599.3	2121.4	2357.1
乌恰县	267.4	306.8	469.0	521.1	631.1	701.3
阿图什市	1287.9	1469.0	2212.0	2457.7	3059.2	3399.1
阿合奇县	215.3	245.5	339.2	376.9	438.5	487.2
合计	2538.0	2919.6	4459.5	4955.0	6250.2	6944.7

4.3.2　工业需水预测

经预测，克州各分区水平年工业需水量见表 4.3 - 4，各县（市）水平年工业需水量见表 4.3 - 5。可以看出，预测需水量大于园区规划需水量，考虑到还有部分零星工业不在园区内，分析认为预测的工业需水量是合理的。

表 4.3－4　　　　克州各分区水平年工业需水量表　　　　单位：万 m³

分 区	2015 年		2025 年		2035 年	
	净需水	毛需水	净需水	毛需水	净需水	毛需水
叶尔羌河上游区	0.0	0.0	0.0	0.0	0.0	0.0
依格孜牙河区	0.0	0.0	0.0	0.0	0.0	0.0
库山河区	42.3	49.8	163.2	181.3	352.1	391.2
盖孜河区	239.8	282.0	924.8	1027.6	1995.3	2217.0
克孜河区	371.1	436.6	3494.5	3882.8	3742.8	4158.7
恰克马克河区	619.8	729.2	1399.2	1595.2	2061.6	2681.2
布古孜河区	0.0	0.0	0.0	0.0	0.0	0.0
哈拉峻盆地	0.0	0.0	0.0	0.0	0.0	0.0
托什干河区	107.4	126.3	418.5	465.0	1247.6	1386.2
合计	1380.3	1623.9	6400.2	7151.9	9399.4	10834.3

表 4.3－5　　　　克州各县（市）水平年工业需水量表　　　　单位：万 m³

行政区	2015 年		2025 年		2035 年	
	净需水	毛需水	净需水	毛需水	净需水	毛需水
阿克陶县	282.1	331.8	1088.0	1208.9	2347.4	2608.2
乌恰县	371.1	436.6	3494.5	3882.8	3742.8	4158.7
阿图什市	619.8	729.2	1399.2	1595.2	2061.6	2681.2
阿合奇县	107.4	126.3	418.5	465.0	1247.6	1386.2
合计	1380.3	1623.9	6400.2	7151.8	9399.4	10834.3

4.3.3　农业需水预测

农业需水包括农田、林果地、牧草场灌溉，鱼塘补水、牲畜需水等。

（1）农田灌溉、林果地灌溉、牧草场灌溉等需水。农田灌溉、林果地灌溉、牧草场灌溉等需水量包括农田灌溉净需水量和农田灌溉毛需水量，采用灌溉定额与灌溉水利用系数方法进行预测。克州水平年灌溉水利用系数见表 4.3－6。

表 4.3－6   **克州水平年灌溉水利用系数表**

行政区	2015 年	2025 年	2035 年
阿克陶县	0.46	0.64	0.65
乌恰县	0.42	0.56	0.65
阿图什市	0.53	0.63	0.65
阿合奇县	0.49	0.56	0.58
克州	0.47	0.61	0.63

经预测，克州各分区水平年农业需水量详见表 4.3－7，各县（市）水平年农业需水量详见表 4.3－8。

表 4.3－7   **克州各分区水平年农业需水量表**   单位：万 m³

分 区	2015 年		2025 年		2035 年	
	净需水	毛需水	净需水	毛需水	净需水	毛需水
叶尔羌河上游区	1072.9	2530.5	730.7	1141.2	677.6	855.1
依格孜牙河区	192.8	454.6	160.1	255.8	133.9	167.4
库山河区	7424.4	16170.7	7330.0	12320.6	7875.0	12195.2
盖孜河区	21105.1	45022.0	19395.9	29515.7	17780.1	27270.3
克孜河区	2934.7	9349.4	2736.4	5752.6	3532.6	5359.1
恰克马克河区	5859.4	11810.1	5103.4	9485.2	4879.1	8072.3
布古孜河区	10467.1	19144.2	8388.6	12103.5	7766.4	11385.4
哈拉峻盆地	1118.4	2060.3	1116.4	1869.7	1010.4	1719.0
托什干河区	8769.3	17857.0	8389.4	14900.2	8541.8	14754.2
合计	58944.1	124398.8	53350.9	87344.5	52196.9	81778.0

表 4.3－8   **克州各县（市）水平年农业需水量表**   单位：万 m³

行政区	2015 年		2025 年		2035 年	
	净需水	毛需水	净需水	毛需水	净需水	毛需水
阿克陶县	23616.2	51464.4	24065.2	37794.0	22954.7	35567.3
乌恰县	9949.0	23767.6	7111.3	12673.8	7867.8	11628.9
阿图什市	16609.6	31309.8	13785.0	21976.5	12797.5	19827.6
阿合奇县	8769.3	17857.0	8389.4	14900.2	8541.8	14754.2
合计	58944.0	124398.9	53350.9	87344.5	52161.9	81778.0

（2）牲畜需水。根据《村镇供水工程技术规范》（SL 310—2004）和《牧区草地灌溉与排水技术规范》（SL 334—2016），结合克州牲畜实际的用水情况，确定克州水平年牲畜用水定额为9L/（标准畜·d）。结合实际调查，参照农村生活用水水利用系数，确定克州牲畜水利用系数，本次牲畜水利用系数2015年、2025年、2035年分别取为0.85、0.90、0.90。经预测，克州各分区水平年牲畜需水量详见表4.3-9，各县（市）水平年牲畜需水量详见表4.3-10。

表 4.3-9 　　　　克州各分区水平年牲畜需水量表 　　　单位：万 m³

分　区	2015 年		2025 年		2035 年	
	净需水	毛需水	净需水	毛需水	净需水	毛需水
叶尔羌河上游区	47.0	55.3	57.3	63.7	60.2	66.9
依格孜牙河区	76.3	89.8	93.1	103.4	97.8	108.7
库山河区	37.7	44.3	45.9	51.0	48.3	53.6
盖孜河区	207.3	243.7	256.1	284.3	269.7	299.8
克孜河区	46.3	54.5	59.8	66.5	63.5	70.6
恰克马克河区	92.2	108.4	115.4	128.2	121.9	135.4
布古孜河区	135.2	159.1	166.0	184.5	174.7	194.1
哈拉峻盆地	3.3	3.9	87.0	96.7	91.4	101.6
托什干河区	126.4	148.6	154.1	171.1	163.6	181.8
合计	771.7	907.8	1034.7	1149.6	1091.2	1212.5

表 4.3-10 　　　克州各县（市）水平年牲畜需水量表 　　　单位：万 m³

行政区	2015 年		2025 年		2035 年	
	净需水	毛需水	净需水	毛需水	净需水	毛需水
阿克陶县	322.7	379.4	393.2	436.8	413.3	459.2
乌恰县	149.4	175.8	193.2	214.6	205.1	227.9
阿图什市	173.2	203.8	294.2	326.9	309.2	343.6
阿合奇县	126.4	148.6	154.1	171.3	163.6	181.8
合计	771.7	907.8	1034.7	1149.6	1091.2	1212.5

（3）鱼塘补水。克州现状鱼塘主要分布在布古孜河区，鱼塘补水面积为 300 亩，规划水平年不再新增渔业面积。参照相关规划及调查克州实际渔业用水状况，本次渔业净用水定额取 850m³/亩，现状 2015 年水利用系数取 0.75，近期 2025 年渔业用水利用系数取 0.80，远期 2035 年渔业用水利用系数取 0.85。预测克州现状 2015 年毛需水量为 34.0 万 m³，近期 2025 年毛需水量为 31.9 万 m³，远期 2035 年毛需水量为 30.0 万 m³。

4.3.4　绿化需水预测

根据实际调查，克州现状年绿地用水定额为 400m³/亩，参照相关规划并结合克州实际绿地用水状况，规划年绿地用水定额取 350m³/亩，符合《关于印发新疆维吾尔自治区工业和生活用水定额的通知》（新政办发〔2007〕105 号）中绿化用水定额要求。参照《克州用水总量控制方案》及克州的实际情况，确定克州绿地水利用系数为 0.9。预测克州现状 2015 年绿地毛需水量为 907.0 万 m³，近期 2025 年绿地毛需水量为 1656.7 万 m³，远期 2035 年绿地毛需水量为 1711.1 万 m³。

4.3.5　河道内、外需水量预测

河道内需水量包括维护河道、河口稳定和维持改善生态环境的水量，本次规划河道内需水量为维护河道生态基本流量所需的水量。生态基流枯水期（10 月至次年 3 月）按输水断面多年平均流量的 10% 考虑，丰水期（4—9 月）按 30% 考虑。河道外生态不需人工配置。具体详见水资源配置分析。

4.3.6　总需水预测

综上分析，克州现状 2015 年总毛需水量为 130791.1 万 m³，近期 2025 年总毛需水量为 102289.5 万 m³，远期 2035 年总毛需水量为 102510.6 万 m³。具体详见表 4.3－11。

表 4.3-11　克州各分区各水平年总需水量统计表

单位：万 m³

项目			生活需水	工业需水	农田、林果、牧草等灌溉需水	牲畜需水	鱼塘补水	小计	绿化需水	合计
					农　业　需　水					
叶尔羌河上游区	2015 年	净需水	50.4	0.0	1072.9	47.0	0.0	1119.9	0.0	1170.3
		毛需水	59.0	0.0	2530.5	55.3	0.0	2585.8	0.0	2644.8
	2025 年	净需水	94.6	0.0	730.7	57.3	0.0	788.0	0.0	882.5
		毛需水	105.1	0.0	1141.2	63.7	0.0	1204.9	0.0	1309.9
	2035 年	净需水	139.4	0.0	677.6	60.2	0.0	737.8	0.0	877.2
		毛需水	154.8	0.0	855.1	66.9	0.0	922.0	0.0	1076.9
依格孜牙河区	2015 年	净需水	42.6	0.0	192.8	76.3	0.0	269.1	0.0	311.7
		毛需水	49.8	0.0	454.6	89.8	0.0	544.4	0.0	594.2
	2025 年	净需水	79.8	0.0	160.1	93.1	0.0	253.2	0.0	333.0
		毛需水	88.7	0.0	255.8	103.4	0.0	359.2	0.0	447.9
	2035 年	净需水	117.6	0.0	133.9	97.8	0.0	231.7	0.0	349.4
		毛需水	130.7	0.0	167.4	108.7	0.0	276.1	0.0	406.8
库山河区	2015 年	净需水	189.7	42.3	7424.4	37.7	0.0	7462.1	92.0	7786.1
		毛需水	222.1	49.8	16170.7	44.3	0.0	16215.0	102.2	16589.1
	2025 年	净需水	355.9	163.2	7330.0	45.9	0.0	7375.9	227.5	8122.5
		毛需水	395.4	181.3	12320.6	51.0	0.0	12371.6	252.8	13201.2
	2035 年	净需水	524.5	352.1	7875.0	48.3	0.0	7923.2	245.0	9044.9
		毛需水	582.8	391.2	12195.2	53.6	0.0	12248.8	272.2	13495.1

项 目		生活需水	工业需水	农业需水				绿化需水	合计
				农田、林果、牧草等灌溉需水	牲畜需水	鱼塘补水	小计		
盖孜河区	2015年 净需水	556.1	239.8	21105.1	207.3	0.0	21312.4	96.0	22204.3
	2015年 毛需水	649.3	282.0	45022.0	243.7	0.0	45265.7	106.7	46303.7
	2025年 净需水	1034.3	924.8	19395.9	256.1	0.0	19652	227.5	21838.6
	2025年 毛需水	1149.1	1027.6	29515.7	284.3	0.0	29800	252.8	32229.5
	2035年 净需水	1508.7	1995.3	17780.1	269.7	0.0	18049.8	245.0	21798.8
	2035年 毛需水	1676.4	2217.0	27270.3	299.8	0.0	27570.1	272.2	31735.7
克孜河区	2015年 净需水	149.9	371.1	2934.7	46.3	0.0	2981.0	148.3	3650.3
	2015年 毛需水	172.0	436.6	9349.4	54.5	0.0	9403.9	164.8	10177.3
	2025年 净需水	263.1	3494.5	2736.4	59.8	0.0	2796.2	154.0	6707.8
	2025年 毛需水	292.4	3882.8	5752.6	66.5	0.0	5819.1	171.1	10165.4
	2035年 净需水	354.7	3742.8	3532.6	63.5	0.0	3596.1	154.0	7847.6
	2035年 毛需水	394.2	4158.7	5359.1	70.6	0.0	5429.7	171.1	10153.7
恰克马克河区	2015年 净需水	371.9	619.8	5859.4	92.2	0.0	5951.6	400.0	7343.3
	2015年 毛需水	424.4	729.2	11810.1	108.4	0.0	11918.5	444.4	13516.5
	2025年 净需水	643.5	1399.2	5103.4	115.4	0.0	5218.8	595.0	7856.5
	2025年 毛需水	715.0	1595.2	9485.2	128.2	0.0	9613.4	661.1	12584.7

续表

项　目			生活需水	工业需水	农　业　需　水				绿化需水	合计
					农田、林果、牧草等灌溉需水	牲畜需水	鱼塘补水	小计		
恰克马克河区	2035年	净需水	909.7	2061.6	4879.1	121.9	0.0	5001.0	605.5	8577.8
		毛需水	1010.8	2681.2	8072.3	135.4	0.0	8207.7	672.8	12572.5
布古孜河区	2015年	净需水	880.3	0.0	10467.1	135.2	25.5	10627.8	0.0	11508.1
		毛需水	1004.2	0.0	19144.2	159.1	34.0	19337.3	0.0	20341.5
	2025年	净需水	1507.7	0.0	8388.6	166.0	25.5	8580.1	0.0	10087.8
		毛需水	1675.3	0.0	12103.5	184.5	31.9	12319.9	0.0	13995.2
	2035年	净需水	2056.4	0.0	7766.4	174.7	25.5	7966.6	0.0	10023.0
		毛需水	2284.8	0.0	11385.4	194.1	30.0	11609.5	0.0	13894.3
哈拉峻盆地	2015年	净需水	81.8	0.0	1118.4	3.3	0.0	1121.7	0.0	1203.5
		毛需水	93.3	0.0	2060.3	3.9	0.0	2064.2	0.0	2157.5
	2025年	净需水	141.4	0.0	1116.4	87.0	0.0	1203.4	0.0	1344.8
		毛需水	157.1	0.0	1869.7	96.7	0.0	1966.4	0.0	2123.5
	2035年	净需水	200.7	0.0	1010.4	91.4	0.0	1101.8	0.0	1302.5
		毛需水	223.0	0.0	1719.0	101.6	0.0	1820.6	0.0	2043.6

续表

项 目		生活需水	工业需水	农业需水				绿化需水	合计
				农田、林果、牧草等灌溉需水	牲畜需水	鱼塘补水	小计		
托什干河区	2015年 净需水	215.3	107.4	8769.3	126.4	0.0	8895.7	80.0	9298.4
	2015年 毛需水	245.5	126.3	17857.0	148.8	0.0	18005.8	88.9	18466.5
	2025年 净需水	339.2	418.5	8389.4	154.1	0.0	8543.5	287.0	9588.2
	2025年 毛需水	376.9	465.0	14900.2	171.3	0.0	15071.5	318.9	16232.3
	2035年 净需水	438.5	1247.6	8541.8	163.6	0.0	8705.4	290.5	10682
	2035年 毛需水	487.2	1386.2	14754.2	181.8	0.0	14936	322.8	17132.2
合计	2015年 净需水	2538.0	1380.4	58944.1	771.7	25.5	59741.3	816.3	64476
	2015年 毛需水	2919.6	1623.9	124398.8	907.8	34.0	125340.6	907.0	130791.1
	2025年 净需水	4459.5	6400.2	53350.9	1034.7	25.5	5411.1	1491.0	66761.8
	2025年 毛需水	4955.0	7151.9	87344.5	1149.6	31.9	88526.0	1656.7	102289.6
	2035年 净需水	6250.2	9399.4	52196.9	1091.2	25.5	53313.6	1540.0	70503.2
	2035年 毛需水	6944.7	10834.3	81778.0	1212.5	30.0	83020.5	1711.1	102510.6

克州主要用水指标统计详见表 4.3-12。

表 4.3-12　　　　　　克州主要用水指标统计表

行政区	用　水　指　标		2015 年	2025 年	2035 年
阿克陶县	需水量/万 m³		53282.9	41544.6	41472
	万元工业增加值用水量/(m³/万元)		86	70	50
	灌溉水利用系数		0.46	0.64	0.65
	灌溉定额/(m³/亩)		958	735	714
	生活用水定额/[L/(人·d)]	城镇	210	240	245
		农村	90	100	110
乌恰县	需水量/万 m³		24851.5	17463.4	16952
	万元工业增加值用水量/(m³/万元)		98	70	50
	灌溉水利用系数		0.42	0.56	0.68
	灌溉定额/(m³/亩)		1303	695	637
	生活用水定额/[L/(人·d)]	城镇	200	220	230
		农村	90	100	110
阿图什市	需水量/万 m³		34190.3	27049.3	26954.3
	万元工业增加值用水量/(m³/万元)		101	70	50
	灌溉水利用系数		0.53	0.63	0.65
	灌溉定额/(m³/亩)		799	587	548
	生活用水定额/[L/(人·d)]	城镇	210	240	250
		农村	90	100	110
阿合奇县	需水量/万 m³		18466.4	16232.2	17132.2
	万元工业增加值用水量/(m³/万元)		86	70	50
	灌溉水利用系数		0.49	0.56	0.58
	灌溉定额/(m³/亩)		685	572	566
	生活用水定额/[L/(人·d)]	城镇	200	220	230
		农村	90	100	110
克州	需水量/万 m³		130791.1	102289.5	102510.6
	万元工业增加值用水量/(m³/万元)		93	70	50
	灌溉水利用系数		0.47	0.61	0.64
	灌溉定额/(m³/亩)		907	656	627
	生活用水定额/[L/(人·d)]	城镇	205	230	239
		农村	90	100	110

第5章

供 水 预 测 分 析

　　可供水量是指通过已定的工程规模，可以提供给用户使用的水资源量，包括可利用的地表水、地下水和再生水，其数量由水资源量（含水质）、需水量、工程供水能力3个要素来确定，在满足水质要求的前提下，水资源量和工程供水能力及需水量三者中的最小值即为可供水量。

5.1　水资源量

　　克州地表水资源量为 61.473 亿 m^3，地表水和地下水资源不重复计算量为 3.007 亿 m^3，水资源总量为 64.48 亿 m^3，各水资源利用分区的水资源量分布情况详见表 5.1-1。

表 5.1-1　　克州各水资源利用分区水资源量分布表　　单位：亿 m^3

序号	水资源利用分区	地表水资源量	地下水与地表水不重复计算量	水资源总量
1	叶尔羌河上游区	2.37	0.0	2.37
2	依格孜牙河区	1.524	0.0	1.524
3	库山河区	6.854	0.111	6.965
4	盖孜河区	15.236	0.256	15.492
5	克孜河区	18.086	0.0	18.086
6	恰克马克河区	2.019	0.253	2.272
7	布古孜河区	1.858	0.233	2.091
8	哈拉峻盆地	1.534	2.029	3.563
9	托什干河区	11.992	0.125	12.117
	合计	61.473	3.007	64.48

5.2　水资源可利用量分析

（1）地表水资源可利用量。

1）现状年（2015 年）地表水资源可利用量。现状年各水资源利用分区的地表水资源可利用量（河道取水口）为天然来水扣除不可以被利用的水量（河道内外生态环境需水量、下游其他地区或灌区需水量）后的水量。

通过对克州境内各主要河流实测引水资料的统计分析，若灌区的取水口位于出山口以下，河道损失水量约为径流控制断面来水量的 5%；若灌区的取水口位于出山口以上，暂不考虑河道损失水量。

克州境内有 8 条较大河流，分别是叶尔羌河、依格孜牙河、库山河、盖孜河、克孜河、恰克马克河、布古孜河和托什干河，其中，叶尔羌河、依格孜牙河、库山河、盖孜河、克孜河和恰克马克河为克州和喀什地区共用河流，托什干河为克州和阿克苏地区共用河流，布古孜河为克州独自利用河流。其中，克州在叶尔羌河、依格孜牙河、克孜河、托什干河上没有分水比，本次计算遵照实行最严格水资源管理制度的用水总量控制要求用水，同时服从喀什噶尔河和阿克苏河流域整体的水量配置、节点水量下泄要求。克州在盖孜河、库山河、恰克马克河上有分水比，根据新疆维吾尔自治区水利厅新水厅字〔1993〕06 号文批复的《喀什噶尔河流域水利管理章程》（1992 年 12 月 25 日通过），盖孜河在塔什米力克渠首处，7—8 月洪水季节，克州占来水量的 16%，其他月份，克州占来水量的 24%；库山河在木华里渠首处，2 月 16 日—5 月 31 日和 10 月 1 日—11 月 30 日，阿克陶县占来水量的 27%，6 月 1 日—9 月 30 日，阿克陶县占来水量的 21.7%，12 月 1 日—2 月 15 日，阿克陶县占来水量的 21.7%；恰克马克河在恰克马克河渠首处，克州占来水量的 75%。克州在盖孜河、库山河、恰克马克河上所占的分水比详见表 5.2-1。本次规划遵照《喀什噶尔河流域水利管理章程》中确定的分水制度进行配水。

表 5.2-1　　克州在盖孜河、库山河、恰克马克河上所占的分水比

盖 孜 河			库 山 河			恰克马克河	
分水断面	分水比		分水断面	分水比		分水断面	分水比
塔什米力克渠首	7—8 月	16%	木华里渠首	2 月 16 日—5 月 31 日、10 月 1 日—11 月 30 日	27%	恰克马克河渠首	75%
	其他月	24%		6 月 1 日—9 月 30 日	21.7%		
				12 月 1 日—2 月 15 日	21.7%		

2）规划水平年地表水资源可利用量。规划水平年（2025 年和 2035 年）的地表水资源可利用量以现状年地表水资源可利用量为基础，以《新疆用水总量控制方案》中确定的克州用水总量控制要求（表 5.2-2）为总体控制依据，并结合各河流上规划水平年建设的水利工程情况进行确定。水平年各水资源利用分区的地表水资源可利用量详见供需分析计算表。

表 5.2-2　　《新疆用水总量控制方案》中克州用水
总量控制计划表　　　　　　单位：万 m³

地区、师	县（市）、团场	2016 年	2017 年	2018 年	2019 年	2020 年	2025 年	2030 年
克州	阿图什市	28355	27764	27162	26559	25956	25974	25992
	阿克陶县	44254	43952	43631	43310	42912	42230	41472
	乌恰县	20479	20177	19866	19554	19243	18378	17513
	阿合奇县	19399	18149	17891	17633	17376	17364	17281
	合计	112487	110042	108550	107056	105487	103946	102258
第三师	红旗农场	2208	2174	2140	2106	2072	2000	1928
	托云牧场	430	432	434	435	441	451	455
	合计	2638	2606	2574	2541	2513	2451	2383
总计		115125	112648	111124	109597	108000	106397	104641

《新疆用水总量控制方案》中确定的 2030 年克州用水总量是维持克州生态环境与经济社会基本平衡、人水和谐、人与自然和谐所允许经济社会使用的基本控制水量,因此,自 2030 年以后,克州的经济社会用水总量都应以 2030 年的用水总量控制要求为红线,不能突破。本次计算中,2035 年克州用水总量控制遵照此要求,以《新疆用水总量控制方案》中确定的 2030 年克州用水总量作为控制要求。

(2) 地下水资源可利用量。对地下水可开采量、现状实际开采量以及自治区人民政府已经批复的《新疆用水总量控制方案》中地下水控制用水量进行了综合对比分析,以确定现状年和规划水平年地下水资源可利用量。

根据开展的地下水资源量评价成果 [各水资源利用分区和各县(市)的地下水可开采量详见表 5.2-3 和表 5.2-4],克州的地下水可开采量为 2.5846 亿 m^3,其中阿克陶县的地下水可开采量为 0.8517 亿 m^3,乌恰县的地下水可开采量为 0,阿图什市的地下水可开采量为 1.4978 亿 m^3,阿合奇县的地下水可开采量为 0.2351 亿 m^3。

表 5.2-3　　　　克州各水资源利用分区和各县(市)
地下水可开采量表　　　　　　　　单位:万 m^3

序号	名　称	可开采量	现状年实际已开采水量	剩余可开采量
1	叶尔羌河上游区	0	0	0
2	依格孜牙河区	0	0	0
3	库山河区	3037	931	2106
4	盖孜河区	5480	1641	3839
5	克孜河区	0	0	0
6	恰克马克河区	1808	1272	536
7	布古孜河区	7455	4376	3079
8	哈拉峻盆地	5715	1089	4626
9	托什干河区	2351	21	2330
	小计	25846	9330	16516

表 5.2-4　　　　克州各县（市）地下水可开采量表　　　单位：万 m³

县（市）	可开采量	现状年实际已开采水量	剩余可开采量
阿克陶县	8517	2572	5945
乌恰县	0	0	0
阿图什市	14978	6737	8241
阿合奇县	2351	21	2330
全州合计	25846	9330	16516

根据《新疆用水总量控制方案》中确定的克州各县（市）地下水用水量控制要求（表 5.2-5），水平年 2025 年和 2035 年，克州的地下水用水量控制要求为 0.9998 亿 m³，其中，阿图什市的地下水用水量控制要求为 0.6588 亿 m³，阿克陶县的地下水用水量控制要求为 0.2841 亿 m³，乌恰县的地下水用水量控制要求为 0.0016 亿 m³，阿合奇县的地下水用水量控制要求为 0.0398 亿 m³，红旗农场的地下水用水量控制要求为 0.0155 亿 m³，托云牧场的地下水用水量控制要求为 0 亿 m³。

表 5.2-5　《新疆用水总量控制方案》中克州各县（市）
地下水供水量计划表　　　单位：万 m³

地区、师	县（市）、团场	2016 年	2017 年	2018 年	2019 年	2020 年	2025 年	2030 年
克州	阿图什市	6348	6408	6468	6528	6588	6588	6588
	阿克陶县	2626	2680	2734	2788	2841	2841	2841
	乌恰县	3	6	10	13	16	16	16
	阿合奇县	80	159	239	318	398	398	398
	合计	9057	9253	9451	9647	9843	9843	9843
第三师	红旗农场	162	160	158	157	155	155	155
	托云牧场	0	0	0	0	0	0	0
	合计	162	160	158	157	155	155	155
总计		9219	9413	9609	9804	9998	9998	9998

通过对地下水资源量评价的可开采量、现状实际开采量和《新疆用水总量控制方案》中地下水控制用水量进行对比可知，现状年克州各县（市）实际开采量基本上控制在《新疆用水总量控制方案》要求的地下水控制用水量范围之内，因此，本次规划中现状年地下水

可利用量采用现状年实际开采量。

水平年，综合考虑地下水资源量评价成果和《新疆用水总量控制方案》中的控制水量要求，取两者中的最小值作为规划水平年的地下水资源可利用量。经对比分析，水平年，克州的地下水资源可利用量为 0.9982 亿 m³，其中，阿图什市的地下水可利用量为 0.6743 亿 m³，阿克陶县的地下水可利用量为 0.2841 亿 m³，阿合奇县的地下水可利用量为 0.0398 亿 m³，乌恰县的地下水可利用量为 0。各水资源利用分区地下水资源可利用量详见表 5.2－6 和表 5.2－7。

表 5.2－6　克州各水资源利用分区 2025 年和 2035 年
地下水资源可利用量表　　　　　单位：万 m³

序号	名　称	2025 年和 2035 年地下水资源可利用量
1	叶尔羌河上游区	0
2	依格孜牙河区	0
3	库山河区	1028
4	盖孜河区	1813
5	克孜河区	0
6	恰克马克河区	800
7	布古孜河区	4854
8	哈拉峻盆地	1089
9	托什干河区	398
	合计	9982

表 5.2－7　　克州各县（市）2025 年和 2035 年地下
水资源可利用量表　　　　　单位：万 m³

各县（市）名称	2025 年和 2035 年地下水资源可利用量
阿克陶县	2841
乌恰县	0
阿图什市	6743
阿合奇县	398
全州合计	9982

（3）再生水可利用量。再生水可利用量以《新疆用水总量控制方案》中确定的克州各县（市）再生水最小利用量为准，且 2035 年与

2030 年保持一致，同时结合各县（市）的产业布局和工业园区发展规划将其分解到各水资源利用分区中。各水资源利用分区的再生水可利用量见表 5.2－8 和表 5.2－9。

表 5.2－8　　　克州各水资源利用分区再生水

可利用量表　　　　　　单位：万 m³

序号	名　　称	2025 年	2035 年
1	叶尔羌河上游区	0	0
2	依格孜牙河区	0	0
3	库山河区	0	0
4	盖孜河区	330	330
5	克孜河区	130	130
6	恰克马克河区	484	487
7	布古孜河区	0	0
8	哈拉峻盆地	0	0
9	托什干河区	60	60
合计		1004	1007

表 5.2－9　　　克州各县（市）再生水可利用量表　　　　单位：万 m³

各县（市）名称	2025 年	2035 年
阿克陶县	330	330
乌恰县	130	130
阿图什市	484	487
阿合奇县	60	60
全州合计	1004	1007

5.3　工程供水能力分析

工程供水能力主要由蓄水工程、引水工程和机电井工程供水能力组成。

（1）蓄水工程。截至 2015 年年底，克州已建成水库 17 座，总库容为 10.9378 亿 m³，兴利库容为 5.1623 亿 m³，各水资源利用分区和各县（市）已建水库工程情况见表 5.3－1 和表 5.3－2。

表 5.3 - 1 　 克州各水资源利用分区已建水库工程统计表

序号	分区	座数/座	总库容/万 m³	兴利库容/万 m³
1	叶尔羌河上游区	0	0	0
2	依格孜牙河区	0	0	0
3	库山河区	0	0	0
4	盖孜河区	3	64565	33300
5	克孜河区	4	27930	9857
6	恰克马克河区	4	1230	460
7	布古孜河区	5	15498	8006
8	哈拉峻盆地	1	155	0
9	托什干河区	0	0	0
	合计	17	109378	51623

表 5.3 - 2 　 克州各县（市）已建水库工程统计表

各县（市）	座数/座	总库容/万 m³	兴利库容/万 m³
阿克陶县	3	64565	33300
乌恰县	4	27930	9857
阿图什市	10	16883	8466
阿合奇县	0	0	0
合计	17	109378	51623

　　规划水平年，通过对克州进行供需分析计算，依格孜牙河、叶尔羌河上游区和托什干河区内已建水库工程的调蓄能力可以满足灌区的用水需求；库山河区和盖孜河区的乌鲁阿特河、布古孜河区的铁列克河、盖孜河区的且木干河、克孜河区的乌如克河、恰克马克河、哈拉峻盆地的谢依提河上已建水库工程调蓄能力不足，需规划新建水库工程或对已建水库工程进行除险加固。

　　（2）引水工程。截至 2015 年年底，克州已建成渠首 122 座，设计引水流量为 $1352.42 \text{m}^3/\text{s}$，各水资源利用分区和各县（市）已建渠首工程建设情况见表 5.3 - 3 和表 5.3 - 4。

　　（3）机电井工程。通过调查统计，截至 2015 年年底，克州共有机电井 1180 眼。

表 5.3－3   克州各水资源利用分区已建渠首工程统计表

序号	分 区	座数/座	设计引水流量/(m³/s)
1	叶尔羌河上游区	4	2.15
2	依格孜牙河区	2	1.35
3	库山河区	3	150
4	盖孜河区	76	1135
5	克孜河区	13	11.36
6	恰克马克河区	3	13
7	布古孜河区	1	1.5
8	哈拉峻盆地	1	1.5
9	托什干河区	19	36.56
	合计	122	1352.42

表 5.3－4   克州各县（市）已建渠首工程统计表

各县（市）	座数/座	设计引水流量/(m³/s)
阿克陶县	81	1283.6
乌恰县	20	18.76
阿图什市	2	13.5
阿合奇县	19	36.56
合计	122	1352.42

5.4 可供水量

可供水量为水资源可利用量（含水质）、需水量、工程供水能力的最小值，即：

$$W_{可供} = \sum_{i=1}^{t} \min(H_i, W_i, X_i) \qquad (5.4-1)$$

式中 $W_{可供}$——可供水量，万 m³；

H_i——工程供水能力，万 m³；

W_i——水资源可利用量，万 m³；

X_i——需水量，万 m³；

t——计算时段数，年。

通过以上分析，克州各水资源利用分区在 $P=50\%$、$P=75\%$ 和 $P=97\%$ 供水保证率下的可供水量详见表 5.4－1～表 5.4－3。

表 5.4-1　　　　　　　　　　2015 年克州各水资源利用分区可供水量　　　　　　　　　　单位：万 m³

供水保证率	水源名称	叶尔羌河上游和依格孜牙河区	库山河区	盖孜河区	克孜河区	恰克马克河区	布古孜河区	哈拉峻盆地	托什干河区
P=50%	地表水	2857.9	9269.6	35263.7	10177.2	11658.4	11290.0	1068.4	18445.4
	地下水	0.0	821.2	1640.9	0.0	800.0	4854.0	1089.0	21.0
	小计	2857.9	10090.8	36904.6	10177.2	12458.4	16144.0	2157.4	18466.4
P=75%	地表水	2865.1	8967.8	30908.2	10177.2	10196.1	9230.3	780.2	18445.4
	地下水	0.0	821.2	1640.9	0.0	800.0	4854.0	1089.0	21.0
	小计	2865.1	9789.0	32549.1	10177.2	10996.1	14084.3	1869.2	18466.4
P=97%	地表水	2395.0	8550.0	24358.3	10177.2	6833.2	8114.1	753.7	18445.4
	地下水	0.0	821.2	1640.9	0.0	800.0	4854.0	1089.0	21.0
	小计	2395.0	9371.2	25999.2	10177.2	7633.2	12968.1	1842.7	18466.4

表 5.4-2　　　　　　　　　　2025 年克州各水资源利用分区可供水量　　　　　　　　　　单位：万 m³

供水保证率	水源名称	叶尔羌河上游和依格孜牙河区	库山河区	盖孜河区	克孜河区	恰克马克河区	布古孜河区	哈拉峻盆地	托什干河区
P=50%	地表水	1757.8	12979.1	31697.0	10035.4	12096.7	11228.0	1189.1	16151.2
	地下水	0.0	222.1	202.7	130.0	4.0	2767.2	934.4	21.0
	再生水			330.0		484.0			60.0
	小计	1757.8	13201.2	32229.7	10165.4	12584.7	13995.2	2123.5	16232.2
P=75%	地表水	1757.8	12652.7	30744.6	10035.4	12096.7	9141.2	1135.8	16151.2
	地下水	0.0	548.5	1155.1	130.0	4.0	4854.0	987.7	21.0
	再生水			330.0		484.0			60.0
	小计	1757.8	13201.1	32229.7	10165.4	12584.7	13995.2	2123.5	16232.2

续表

供水保证率	水源名称	叶尔羌河上游和依格孜牙河区	库山河区	盖孜河区	克孜河区	恰克马克河区	布古孜河区	哈拉峻盆地	托什干河区
$P=97\%$	地表水	1757.8	10975.2	24296.6	10035.4	7876.2	8057.2	1013.1	16151.2
	地下水	0.0	1028.4	1812.6		800.0	4854.0	1089.0	21.0
	再生水			330.0	130.0	484.0			60.0
	小计	1757.8	12003.6	26439.1	10165.4	9160.2	12911.2	2102.1	16232.2

表 5.4－3　2035 年克州各水资源利用分区可供水量表　　单位：万 m³

供水保证率	水源名称	叶尔羌河上游和依格孜牙河区	库山河区	盖孜河区	克孜河区	恰克马克河区	布古孜河区	哈拉峻盆地	托什干河区
$P=50\%$	地表水	1483.6	13225.6	30673.0	10023.7	12081.6	11277.2	1212.4	17051.2
	地下水	0.0	269.5	732.4		4.0	2617.1	831.3	21.0
	再生水			330.0	130.0	487.0			60.0
	小计	1483.6	13495.1	31735.4	10153.7	12572.6	13894.4	2043.7	17132.2
$P=75\%$	地表水	1483.6	12746.0	30833.1	10023.7	12081.3	9125.7	1138.7	17051.2
	地下水	0.0	749.0	572.4		4.3	4768.7	905.0	21.0
	再生水			330.0	130.0	487.0			60.0
	小计	1483.6	13495.1	31735.4	10153.7	12572.6	13894.4	2043.7	17132.2
$P=97\%$	地表水	1483.6	10987.1	24338.2	10023.7	8603.3	8098.3	1018.3	17051.2
	地下水	0.0	1028.4	1812.6		800.0	4854.0	1025.4	21.0
	再生水			330.0	130.0	487.0			60.0
	小计	1483.6	12015.5	26480.8	10153.7	9890.3	12952.3	2043.7	17132.2

第6章

水资源供需分析

6.1 水资源供需分析原则

（1）保证基本生态环境用水要求，统筹协调河道内外用水量。

（2）严格遵循用水总量控制要求和分水比。

（3）保证生活用水，调减农业用水，合理配置工业用水。

（4）不影响下游其他地区用水户的权益用水。

6.2 水资源供需分析计算说明

（1）以各水资源利用分区可供水量和各业需水量为基础，以本次规划划定的 9 个水资源利用分区为单元进行供需分析。

（2）分别计算 $P=50\%$、$P=75\%$ 和 $P=97\%$ 3 个供水保证率情况下区域的供需余缺水情况。同时，按照现状基准年（2015 年）、水平年（2025 年、2035 年）3 个水平年进行供需分析计算。

（3）山区水库的损失水量按水库年蓄水量的 3% 考虑；平原水库的损失水量按水库年蓄水量的 25% 考虑。

（4）河道损失水量：若灌区取水口位于出山口以下，河道损失水量约为径流控制断面来水量的 5%；若灌区取水口位于出山口以上，暂不计河道损失水量。

（5）阿图什市工业园区的需水量采用《阿图什市工业园区供水

工程初步设计报告》的设计成果。

（6）供水优先保障顺序：先供给人畜生活基本用水需求，再供给低耗水、高产值的工业需水，然后供给高效节水农业需水，最后供给常规节水农业需水。

（7）不同水平年的供水水源配置方向如下。

1）人畜生活需水：现状基准年取用地下水作为生活供水水源的，规划水平年仍保持不变；现状水平年取用地表水作为生活供水水源以及规划水平年新增加的生活用水需求，规划水平年优先取用地表水。

2）工业需水：现状基准年取用地表水源的，规划水平年先利用再生水，不足部分由地表水作为补充。

3）农业需水：通过调查，现状水平年取用地下水灌溉的，现状年仍采用地下水供给；规划水平年农业需水先由地表水供给，不足部分在地下水可利用量范围内补充。

4）渔业需水：先由地表水供给，不足部分由地下水补充。

5）城镇绿化需水：先利用再生水，不足部分由地表水补充。

（8）生态基流水量：恰克马克河的生态基流水量采用《阿图什市托帕水库可行性研究报告》中的设计成果；乌如克河的生态基流水量采用《阿图什市工业园区供水工程初步设计报告》的设计成果；乌鲁阿特河、且木干河的生态基流水量枯水期（10月至次年3月）按照多年平均径流量的10%考虑，丰水期（4—9月）按照多年平均径流量的20%考虑；铁列克河的生态基流水量枯水期（10月至次年3月）按照多年平均径流量的10%考虑，丰水期（4—9月）按照多年平均径流量的30%考虑。

（9）现状年克州各水资源利用分区的地下水实际开采量基本上控制在《新疆用水总量控制方案》中的地下水控制用水量之内，因此，现状年供需分析计算中的地下水实际供水量采用实际开采量。

（10）考虑到克州现状水平年部分河流上缺乏控制性调蓄工程，

规划水平年将在乌鲁阿特河上建设乌鲁瓦提水库，在且木干河上建设阿合奇水库，在乌如克河上建设乔诺水库，在恰克马克河上建设托帕水库，以及在铁列克河上建设铁列克水库。为客观反映这些水库灌区的供需水余缺状况，同时为水资源配置和工程布局奠定基础和提供依据，本次规划对这5座水库灌区单独开展水资源供需分析。

（11）水库灌区供水范围。

1）乌鲁瓦提水库灌区：位于盖孜河区，供水对象为波斯坦铁列克乡。

2）阿合奇水库灌区：位于盖孜河区，供水对象为膘尔托阔依乡部分村。

3）乔诺水库灌区：跨克孜河区和恰克马克河区，供水对象为阿图什市工业园区和乌恰县一般工业、康西湾村乡村生活用水。

4）托帕水库灌区：位于恰克马克河流域（含喀什地区）（不含乌恰县）。

5）铁列克水库灌区：位于布古孜河区，供水对象为铁列克乡。

6.3 基准年水资源供需分析

根据以上确定的水资源供需分析原则，结合不同水平年的来水、需水情况，进行各水平年分区水资源供需分析计算（表6.3-1～表6.3-9）。

表6.3-1　2015年 P=50%供水保证率下各水资源利用分区水资源供需分析计算结果汇总表　　　　单位：万 m³

项目		叶尔羌河上游区和依格孜牙河区	库山河区	盖孜河区	克孜河区	恰克马克河区	布古孜河区	哈拉峻盆地	托什干河区	合计
可利用水量	地表水	15943.8	13970.6	35620.1	220997.0	14745.2	11636.5	1436.1	265756.6	580105.9
	地下水	0.0	1028.4	1812.6	0.0	800.0	4854.0	1089.0	398.0	9982.0
	小计	15943.8	14999.0	37432.7	220997.0	15545.2	16490.5	2525.1	266154.6	590087.9
需水量　生活需水	城镇生活	9.3	19.1	84.3	74.7	223.4	534.1	49.8	132.0	1126.7
	农村生活	99.5	203.0	564.9	97.3	201.1	470.1	43.5	113.5	1792.9
	小计	108.9	222.1	649.2	172.0	424.5	1004.2	93.3	245.5	2919.6
需水量　生产需水	工业	0.0	49.8	282.0	436.6	729.2	0.0	0.0	126.3	1623.9
	农业	2985.2	16170.6	45022.0	9349.4	11810.1	19144.2	2060.3	17857.0	124398.8
	畜牧业	145.1	44.3	243.8	54.5	108.4	159.1	3.8	148.8	907.8
	渔业	0.0	0.0	0.0	0.0	0.0	34.0	0.0	0.0	34.0
	小计	3130.3	16264.7	45547.8	9840.5	12647.7	19337.3	2064.1	18132.1	126964.5
需水量	城镇绿化需水	0.0	102.3	106.7	164.7	444.4	0.0	0.0	88.9	907.0
需水量	合计	3239.1	16589.1	46303.7	10177.2	13516.6	20341.5	2157.4	18466.5	130791.1
供水量	引水工程供水量	2857.9	9269.7	28761.3	10177.2	9655.8	8878.0	1068.4	18445.5	89113.8
供水量　地表水　水库调节	蓄水量	0.0	0.0	6858.8	0.0	973.0	2758.4	0.0	0.0	10590.3
	放水量	0.0	0.0	6502.4	0.0	889.6	2412.0	0.0	0.0	9804.0
	水库损失量	0.0	0.0	356.4	0.0	83.5	346.4	0.0	0.0	786.3
	小计	2857.9	9269.7	35263.7	10177.2	10545.4	11290.0	1068.4	18445.5	98917.8
供水量　地下水	农业灌溉补充地下水量	0.0	599.1	1444.9	0.0	796.0	4301.0	1086.0	0.0	8227.0
	生活	0.0	222.1	196.0	0.0	4.0	553.0	3.0	21.0	999.1
	小计	0.0	821.2	1640.9	0.0	800.0	4854.0	1089.0	21.0	9226.1
供水量	合计	2857.9	10090.8	36904.6	10177.2	11345.4	16144.0	2157.4	18466.5	108143.9
供需分析	余水量	13085.9	4701.0	0.0	210819.7	3003.4	0.0	367.7	247311.2	479288.9
	缺水量	381.1	6498.2	9399.1	0.0	1058.3	4197.5	0.0	0.0	21534.2

注　由于数据计算过程的"四舍五入"，表中数据结果有微小偏差。

表 6.3－2　　2015 年 P＝75%供水保证率下各水资源利用分区水资源供需分析计算结果汇总表　　　单位：万 m³

项目				叶尔羌河上游区和依格孜牙河区	库山河区	盖孜河区	克孜河区	恰克马克河区	布古孜河区	哈拉峻盆地	托什干河区	合计
可利用水量	地表水			13035.4	12780.2	31139.4	193404.2	11544.4	9605.6	1194.8	232754.7	505458.7
可利用水量	地下水			0.0	1028.4	1812.6	0.0	800.0	4854.0	1089.0	398.0	9982.0
可利用水量	小计			13035.4	13808.6	32952.0	193404.2	12344.4	14459.6	2283.8	233152.7	515440.7
需水量	生活需水	城镇生活		9.3	19.1	84.3	74.7	223.4	534.1	49.8	132.0	1126.7
需水量	生活需水	农村生活		99.5	203.0	564.9	97.3	201.1	470.1	43.5	113.5	1792.9
需水量	生活需水	小计		108.8	222.1	649.2	172.0	424.5	1004.2	93.3	245.5	2919.6
需水量	生产需水	工业		0.0	49.8	282.0	436.6	729.2	0.0	0.0	126.3	1623.9
需水量	生产需水	农业		2985.2	16170.6	45022.0	9349.4	11810.1	19144.2	2060.3	17857.0	124398.8
需水量	生产需水	牲畜业		145.1	44.3	243.8	54.5	108.4	159.1	3.8	148.8	907.8
需水量	生产需水	渔业		0.0	0.0	0.0	0.0	0.0	34.0	0.0	0.0	34.0
需水量	生产需水	小计		3130.3	16264.7	45547.8	9840.5	12647.7	19337.3	2064.1	18132.1	126964.5
需水量	城镇绿化需水			0.0	102.3	106.7	164.7	444.4	0.0	0.0	88.9	907.0
需水量	合计			3239.1	16589.1	46303.7	10177.2	13516.6	20341.5	2157.4	18466.5	130791.1
供水量	地表水	引水工程供水量		2865.1	8967.8	26942.2	10177.2	8631.9	6838.3	780.2	18445.5	83648.2
供水量	地表水	水库调节	蓄水量	0.0	0.0	4197.2	0.0	483.9	2767.2	0.0	0.0	7448.3
供水量	地表水	水库调节	放水量	0.0	0.0	3966.0	0.0	451.2	2392.0	0.0	0.0	6809.2
供水量	地表水	水库调节	水库频损失量	0.0	0.0	231.2	0.0	32.7	375.3	0.0	0.0	639.2
供水量	地表水	小计		2865.1	8967.8	30908.2	10177.2	9083.1	9230.3	780.2	18445.5	90457.4
供水量	地下水	农业灌溉补充地下水量		0.0	599.1	1444.9	0.0	796.0	4301.0	1086.0	0.0	8227.0
供水量	地下水	生活		0.0	222.1	196.0	0.0	4.0	553.0	3.0	21.0	999.1
供水量	地下水	小计		0.0	821.2	1640.9	0.0	800.0	4854.0	1089.0	21.0	9226.1
供水量	合计			2865.1	9789.0	32549.1	10177.2	9883.1	14084.3	1869.2	18466.5	99683.5
供需分析	余水量			10170.3	3812.4	0.0	183227.0	1315.6	6257.2	414.6	214309.2	413249.2
供需分析	缺水量			374.0	6800.1	13754.7	0.0	2520.5	2520.5	288.2	0.0	29994.7

注　由于数据计算过程中的"四舍五入"，表中数据结果有微小偏差。

表 6.3-3　2015 年 P＝97%供水保证率下各水资源利用分区水资源供需分析计算结果汇总表　　单位：万 m³

项目		叶尔羌河上游区和依格孜牙河区	库山河区	盖孜河区	克孜河区	恰克马克河区	布古孜河区	哈拉峻盆地	托什干河区	合计
可利用水量	地表水	8877.9	11009.7	24481.8	153561.5	7094.0	8411.7	1053.0	186869.1	401358.7
	地下水		1028.4	1812.6		800.0	4854.0	1089.0	398.0	9982.0
	小计	8877.9	12038.1	26294.4	153561.5	7894.0	13265.7	2142.0	187267.1	411340.7
需水量	生活需水　城镇生活	9.3	19.1	84.3	74.7	223.4	534.1	49.8	132.0	1126.7
	生活需水　农村生活	99.5	203.0	564.9	97.3	201.1	470.1	43.5	113.5	1792.9
	生活需水　小计	108.8	222.1	649.2	172.0	424.5	1004.2	93.3	245.5	2919.6
	生产需水　工业	0.0	49.8	282.0	436.6	729.2	0.0	0.0	126.3	1623.9
	生产需水　农业	2985.2	16170.6	45022.0	9349.4	11810.1	19144.2	2060.3	17857.0	124398.8
	生产需水　牲畜业	145.1	44.3	243.8	54.5	108.4	159.1	3.8	148.8	907.8
	生产需水　渔业	0.0	0.0	0.0	0.0	0.0	34.0	0.0	0.0	34.0
	生产需水　小计	3130.3	16264.7	45547.8	9840.5	12647.7	19337.3	2064.1	18132.1	126964.5
	城镇绿化需水	0.0	102.3	106.7	164.7	444.4	0.0	0.0	88.9	907.0
	合计	3239.1	16589.1	46303.7	10177.2	13516.6	20341.5	2157.4	18466.5	130791.1
供水量	地表水　引水工程供水量	2395.0	8550.0	22889.5	10177.2	5279.6	6124.7	753.7	18445.5	74625.2
	地表水　水库调节　蓄水量	0.0	0.0	1582.3	0.0	484.3	2287.0	0.0	0.0	4353.6
	地表水　水库调节　放水量	0.0	0.0	1458.8	0.0	440.6	1989.4	0.0	0.0	3888.8
	地表水　水库调节　水库损失量	0.0	0.0	123.5	0.0	43.7	297.6	0.0	0.0	464.8
	地表水　小计	2395.0	8550.0	24358.3	10177.2	5720.2	8114.1	753.7	18445.5	78514
	地下水　农业灌溉补充地下水量	1444.9	599.1	0.0	0.0	796.0	4301.0	1086.0	0.0	8227.0
	地下水　生活	0.0	222.1	196.0	0.0	4.0	553.0	3.0	21.0	999.1
	地下水　小计	1444.9	821.2	196.0	0.0	800.0	4854.0	1089.0	21.0	9226.1
	合计	3839.9	9371.2	24554.3	10177.2	6520.2	12968.1	1842.7	18466.5	87740.1
供需分析	余水量	6482.8	2459.7	0.0	143384.3	217.1	0.0	299.3	168423.7	321266.9
	缺水量	844.0	7217.9	20304.6	0.0	5883.5	7373.4	314.7	0.0	41938.1

注　由于数据计算过程的"四舍五入"，表中数据结果有微小偏差。

表6.3-4 2025年 P=50%供水保证率下各水资源利用分区水资源供需分析计算结果汇总表

单位：万 m³

项目			叶尔羌河上游区和依格孜牙河区	库山河区	盖孜河区	克孜河区	恰克马克河区	布古孜河区	哈拉峻盆地	托什干河区	合计
可利用水量	地表水		15943.8	13970.6	35620.1	220131.0	15578.8	11636.5	1436.1	265756.6	580073.5
	地下水		0.0	1028.4	1812.6	0.0	800.0	4854.0	1089.0	398.0	9982.0
	再生水		0.0	0.0	330.0	130.0	484.0	0.0	0.0	60.0	1004.0
	小计		15943.8	14999.0	37762.7	220261.0	16862.8	16490.5	2525.1	266214.6	591059.5
需水量	生活需水	城镇生活	111.3	227.2	687.1	224.4	558.6	1310.6	122.9	289.2	3531.3
		农村生活	82.4	168.2	462.2	68.0	156.4	364.7	34.1	87.7	1423.7
		小计	193.7	395.4	1149.3	292.4	715.0	1675.3	157	376.9	4955.0
	生产需水	工业	0.0	181.4	1027.5	3882.8	1595.2	0.0	0.0	465.0	7151.9
		农业	1397.0	12320.6	29515.7	5752.6	9485.2	12103.5	1869.7	14900.2	87344.5
		牲畜业	167.1	51.0	284.4	66.5	128.2	184.5	96.7	171.2	1149.6
		渔业	0.0	0.0	0.0	0.0	0.0	31.9	0.0	0.0	31.9
		小计	1564.1	12553.8	30827.6	9701.9	11208.6	12319.9	1966.4	15536.4	95677.9
	城镇绿化需水		0.0	252.8	252.8	171.1	661.1	0.0	0.0	318.9	1656.7
	合计		1757.8	13201.2	32229.7	10165.4	12584.7	13995.2	2123.4	16232.2	102289.6
供水量	地表水	引水工程供水量	1757.8	10149.5	26005.4	10901.4	9966.8	8919.1	1189.1	16151.2	85040.3
	水库调节	蓄水量	0.0	2945.6	6190.1	0.0	1225.4	2717.3	0.0	0.0	13078.4
		放水量	0.0	2829.6	5691.6	0.0	1146.5	2308.9	0.0	0.0	11976.6
		水库损失量	0.0	116.0	498.5	0.0	79.0	408.5	0.0	0.0	1102
		小计	1757.8	12979.1	31697.0	10901.4	11113.3	11228.0	1189.1	16151.2	97016.9
	地下水	农业灌溉补充地下水量	0.0	0.0	6.7	0.0	0.0	2214.2	931.4	0.0	3152.3
		生活	0.0	222.1	196.0	0.0	4.0	553.0	3.0	21.0	999.1
		小计	0.0	222.1	202.7	0.0	4.0	2767.2	934.4	21.0	4151.4
	再生水		0.0	0.0	330.0	130.0	484.0	0.0	0.0	60.0	1004.0
	合计		1757.8	13201.2	32229.7	11031.4	11601.3	13995.2	2123.5	16232.2	102172.3
供需分析	余水量		14186.1	875.6	3424.6	210095.6	3403.2	0.0	247.0	249605.4	481837.5
	缺水量		0.0	0.0	0.0	0.0	0.0	0.0	0.0	0.0	0.0

注 由于数据计算过程的"四舍五入"，表中数据结果有微小偏差。

表 6.3-5　2025 年 P=75%供水保证率下各水资源利用分区水资源供需分析计算结果汇总表

单位：万 m³

项目			叶尔羌河上游区和依格孜牙河区	库山河区	盖孜河区	克孜河区	恰克马克河区	布古孜河区	哈拉峻盆地	托什干河区	合计
可利用水量	地表水		13035.4	12780.2	31139.4	192538.2	12378	9605.6	1194.8	232754.7	505426.3
	地下水		0	1028.4	1812.6		800	4854	1089	398	9982
	再生水		0		330	130	484			60	1004
	小计		13035.4	13808.6	33282	192668.2	13662	14459.6	2283.8	233212.7	516412.3
需水量	生活需水	城镇生活	111.3	227.2	687.1	224.4	558.6	1310.6	122.9	289.2	3531.3
		农村生活	82.4	168.2	462.2	68	156.4	364.7	34.1	87.7	1423.7
		小计	193.7	395.4	1149.3	292.4	715	1675.3	157	376.9	4955
	生产需水	工业	0	181.4	1027.5	3882.8	1595.2			465	7151.9
		农业	1397	12320.6	29515.7	5752.6	9485.2	12103.5	1869.7	14900.2	87344.5
		牲畜	167.1	51	284.4	66.5	128.2	184.5	96.7	171.2	1149.6
		渔业	0					31.9			31.9
		小计	1564.1	12553	30827.6	9701.9	11208.6	12319.9	1966.4	15536.4	95677.9
	城镇绿化需水		0	252.8	252.8	171.1	661.1			318.9	1656.7
	合计		1757.8	13201.2	32229.7	10165.4	12584.7	13995.2	2123.4	16232.2	102289.6
供水量	引水工程供水量		1757.8	9940.3	24423.3	10901.4	8998.3	6285	874	16151.2	79331.3
	地表水 水库调节	蓄水量		2839.8	6716		2232.3	3320.6	320.8		15429.5
		放水量		2712.4	6321.3		2114.8	2856.2	261.8		14266.5
		水库损失量		127.5	394.8		117.4	464.4	59		1163.1
		小计	1757.8	12652.7	30744.6	10901.4	11113.1	9141.2	1135.8	16151.2	93597.8
	地下水	农业灌溉补充地下水		326.4	959.1			4301	984.7		6571.2
		生活		222.1	196		4	553	3	21	999.1
		小计		548.5	1155.1		4	4854	987.7	21	7570.3
	再生水				330	130	484			60	1004
	合计		1757.8	13201.2	32229.7	11031.4	11601.1	13995.2	2123.5	16232.2	102172.1
供需分析	余水量		11277.7	0	0	182502.9	164	0	0	216603.5	410548.1
	缺水量		0	0	0	0	0	0	0	0	0

注　由于数据计算过程的"四舍五入"，表中数据结果有微小偏差。

表 6.3 – 6　2025年 P=97%供水保证率下各水资源利用分区水资源供需分析计算结果汇总表　单位：万 m³

项目		叶尔羌河上游区和依格孜牙河区	库山河区	盖孜河区	克孜河区	恰克马克河区	布古孜河区	哈拉峻盆地	托什干河区	合计
可利用水量	地表水	8877.9	11009.7	24481.8	152695.5	7927.6	8411.7	1053.0	186869.1	401326.3
	地下水	0.0	1028.4	1812.6	0.0	800.0	4854.0	1089.0	398.0	9982.0
	再生水		0.0	330.0	130.0	484.0	0.0	0.0	60.0	1004.0
	小计	8877.9	12038.1	26624.4	152825.5	9211.6	13265.7	2142.0	187327.1	412312.3
需水量 生活需水	城镇生活	111.3	227.2	687.1	224.4	558.6	1310.6	122.9	289.2	3531.3
	农村生活	82.4	168.2	462.2	68.0	156.4	364.7	34.1	87.7	1423.7
	小计	193.7	395.4	1149.3	292.4	715.0	1675.3	157	376.9	4955.0
生产需水	工业	0.0	181.4	1027.5	3882.8	1595.2			465.0	7151.9
	农业	1397.0	12320.6	29515.7	5752.6	9485.2	12103.5	1869.7	14900.2	87344.5
	牲畜	167.1	51.0	284.4	66.5	128.2	184.5	96.7	171.2	1149.6
	渔业						31.9			31.9
	小计	1564.1	12553.0	30827.6	9701.9	11208.6	12319.9	1966.4	15536.4	95677.9
	城镇绿化需水		252.8	252.8	171.1	661.1	0.0	0.0	318.9	1656.7
	合计	1757.8	13201.2	32229.7	10165.4	12584.7	13995.2	2123.4	16232.2	102289.6
供水量	引水工程供水量	1757.8	9089.2	22313.3	10901.4	6244.9	5888.2	825.5	16151.2	73171.5
地表水 水库调节	蓄水量		1920.4	2168.5	0.0	699.3	2523.5	227.5	0.0	7539.3
	放水量		1886.0	1983.2	0.0	647.9	2169.0	187.6	0.0	6873.7
	水库损失量		34.5	185.3	0.0	51.4	354.5	39.9	0.0	665.6
	小计		10975.2	24296.5	10901.4	6892.8	8057.2	1013.1	16151.2	80045.2
地下水	农业灌溉补充地下水量	0.0	806.3	1616.6	0.0	796.0	4301.0	1086.0	0.0	8605.9
	生活	0.0	222.1	196.0	0.0	4.0	553.0	3.0	21.0	999.1
	小计	0.0	1028.4	1812.6	0.0	800.0	4854.0	1089.0	21.0	9605.0
	再生水		0.0	330.0	130.0	484.0	0.0	0.0	60.0	1004.0
	合计	1757.8	12003.6	26439.1	11031.4	8176.8	12911.2	2102.1	16232.2	90654.3
供需分析	余水量	7120.1	1197.6	5790.5	142660.2	0.0	0.0	21.3	170717.9	320498.2
	缺水量	0.0	0.0	0.0	0.0	3424.5	1083.9		0.0	11517.8

注：由于数据计算过程的"四舍五入"，表中数据结果有微小偏差。

表6.3-7　2035年 P=50%供水保证率下各水资源利用分区水资源供需分析计算结果汇总表　　单位：万 m³

项目				叶尔羌河上游区和依格孜牙河区	库山河区	盖孜河区	克孜河区	恰克马克河区	布古孜河区	哈拉峻盆地	托什干河区	合计
可利用水量	地表水			15943.8	13970.6	35620.1	219395.0	16302.0	11636.5	1436.1	265756.6	580060.7
	地下水			0.0	1028.4	1812.6	0.0	800.0	4854.0	1089.0	398.0	9982.0
	再生水			0.0	0.0	330.0	130.0	487.0	0.0	0.0	60.0	1007.0
	小计			15943.8	14999.0	37762.7	219525.0	17589.0	16490.5	2525.1	266214.6	591049.7
需水量	生活需水	城镇生活		219.8	448.5	1301.5	327.1	883.7	2004.1	195.8	397.7	5778.2
		农村生活		65.8	134.3	374.9	67.0	127.1	280.7	27.2	89.5	1166.5
		小计		285.6	582.8	1676.4	394.1	1010.8	2284.8	223.0	487.2	6944.7
	生产需水	工业		0.0	391.2	2217.0	4158.7	2681.2	0.0	0.0	1386.2	10834.3
		农业		1022.5	12195.2	27270.3	5359.1	8072.3	11385.4	1719.0	14754.2	81778.0
		牲畜业		175.5	53.6	299.7	70.6	135.6	194.1	101.6	181.8	1212.5
		渔业							30.0			30.0
		小计		1198	12640.0	29787	9588.4	10889.1	11609.5	1820.6	16322.2	93854.8
	城镇绿化需水				272.2	272.2	171.1	672.8			322.8	1711.1
	合计			1483.6	13495	31735.6	10153.6	12572.7	13894.4	2043.6	17132.2	102510.6
供水量	地表水	引水工程供水量		1483.6	11260.6	28314.9	11625.7	10346.1	9041.8	1212.4	17051.2	90336.3
		水库调节	蓄水量	0.0	1999.3	2713.3	0.0	872.9	2594.5	0.0	0.0	8180.0
			放水量	0.0	1965.0	2358.1	0.0	803.5	2235.5	0.0	0.0	7362.1
			水库损失量	0.0	34.3	355.1	0.0	69.4	359.2	0.0	0.0	818.0
		小计		1483.6	13225.6	30673.0	11625.7	11149.6	11277.3	1212.4	17051.2	97698.4
	地下水	农业灌溉补充地下水		0.0	47.4	536.4	0.0	0.0	2064.1	828.3	0.0	3476.2
		生活		0.0	222.1	196.0	0.0	4.0	553.0	3.0	21.0	999.1
		小计		0.0	269.5	732.4	0.0	4.0	2617.1	831.3	21.0	4475.3
	再生水			0.0	0.0	330.0	130.0	487.0	0.0	0.0	60.0	1007.0
	合计			1483.6	13495.1	31735.4	11755.7	11640.6	13894.4	2043.7	17132.2	103180.7
供需分析	余水量			14460.2	710.7	4592.0	209371.3	4151.0	0.0	223.7	248705.4	482214.4
	缺水量			0.0	0.0	0.0	0.0	0.0	0.0	0.0	0.0	0.0

注　由于数据计算过程的"四舍五入"，表中数据结果有微小偏差。

表 6.3－8　2035 年 P＝75% 供水保证率下各区水资源利用分区水资源供需分析计算结果汇总表　　单位：万 m³

项目		叶尔羌河上游区和依格孜牙河区	库山河区	盖孜河区	克孜河区	恰克马克河区	布古孜河区	哈拉峻盆地	托什干河区	合计
可利用水量	地表水	13035.4	12780.2	31139.4	191802.2	13101.1	9605.6	1194.8	232754.7	505413.4
	地下水	0.0	1028.4	1812.6		800.0	4854.0	1089.0	398.0	9982.0
	再生水	0.0	0.0	330.0	130.0	487.0			60.0	1007.0
	小计	13035.4	13808.6	33282.0	191932.2	14388.1	14459.6	2283.8	233212.7	516402.4
需水量 — 生活需水	城镇生活	219.8	448.5	1301.5	327.1	883.7	2004.1	195.8	397.7	5778.2
	农村生活	65.8	134.3	374.9	67.0	127.1	280.7	27.2	89.5	1166.5
	小计	285.6	582.8	1676.4	394.1	1010.8	2284.8	223.0	487.2	6944.7
需水量 — 生产需水	工业		391.2	2217.0	4158.7	2681.2			1386.2	10834.3
	农业	1022.5	12195.2	27270.3	5359.1	8072.3	11385.4	1719.0	14754.2	81778.0
	牲畜	175.5	53.6	299.7	70.6	135.6	194.1	101.6	181.8	1212.5
	渔业						30.0			30.0
	小计	1198	12640.0	29787	9588.4	10889.1	11609.5	1820.6	16322.2	93854.8
需水量	城镇绿化需水		272.2	272.2	171.1	672.8			322.2	1711.1
	合计	1483.6	13495	31735.6	10153.6	12572.7	13894.3	2043.6	17132.2	102510.6
供水量 — 地表水	引水工程供水量	1483.6	11053.4	26510.7	11625.7	9574.7	6483.9	892.1	17051.2	84675.3
供水量 — 地表水（水库调节）	蓄水量	0.0	1726.8	4628.7	0.0	1696.9	3121.7	302.7	0.0	11476.8
	放水量	0.0	1692.6	4322.4	0.0	1574.7	2641.8	246.6	0.0	10478.1
	水库损失量	0.0	34.2	306.3	0.0	122.3	479.9	56.1	0.0	998.7
供水量 — 地表水	小计	1483.6	12746.0	30833.1	11625.7	11149.4	9125.7	1138.7	17051.2	95153.4
供水量 — 地下水	农业灌溉潜补充地下水量	0.0	526.9	376.4	0.0	0.2	4215.7	902.0	0.0	6021.2
	生活	0.0	222.1	196.0	0.0	4.0	553.0	3.0	21.0	999.1
	小计	0.0	749.0	572.4	0.0	4.2	4768.7	905.0	21.0	7020.3
供水量	再生水	0.0	0.0	330.0	130.0	487.0			60.0	1007.0
	合计	1483.6	13495	31735.5	11755.7	11640.6	13894.3	2043.7	17132.2	103180.7
供需分析	余水量	11551.8	0.0	0.0	181778.6	897.6	0.0	0.0	215703.4	409931.4
	缺水量	0.0	0.0	0.0	0.0	0.0	0.0	0.0	0.0	0.0

注：由于数据计算过程的"四舍五入"，表中数据结果有微小偏差。

表6.3-9　2035年P=97%供水保证率下各水资源利用分区水资源供需分析计算结果汇总表

单位：万 m³

项目		叶尔羌河上游区和依格孜牙河区	库山河河区	盖孜河区	克孜孜河区	恰克马克河区	布古孜河区	哈拉峻盆地	托什干河区	合计
可利用水量	地表水	8877.9	11009.8	24481.8	151959.5	8650.7	8411.7	1053.0	186869.1	401313.5
	地下水		1028.4	1812.6		800.0	4854.0	1089.0	398.0	9982.0
	再生水			330.0	130.0	487.0			60.0	1007.0
	小计	8877.9	12038.2	26624.4	152089.5	9937.7	13265.7	2142.0	187327.1	412302.5
需水量 生活需水	城镇生活	219.8	448.5	1301.5	327.1	883.7	2004.1	195.8	397.7	5778.2
	农村生活	65.8	134.3	374.9	67.0	127.1	280.7	27.2	89.5	1166.5
	小计	285.6	582.8	1676.4	394.1	1010.8	2284.8	223.0	487.2	6944.7
生产需水	工业		391.2	2217.0	4158.7	2681.2			1386.2	10834.3
	农业	1022.5	12195.2	27270.3	5359.1	8072.3	11385.4	1719.0	14754.2	81778.0
	牲畜	175.5	53.6	299.7	70.6	135.6	194.1	101.6	181.8	1212.5
	渔业						30.0			30.0
	小计	1198	12640.0	29787	9588.4	10889.0	11609.5	1820.6	16322.2	93854.8
	城镇绿化需水		272.2	272.2	171.1	672.8			322.8	1711.1
	合计	1483.6	13495	31735.6	10153.6	12572.7	13894.3	2043.6	17132.2	102510.6
供水量 地表水	引水工程供水量	1483.6	9915.9	23146.4	11625.7	7148.6	6091.1	849.0	17051.2	77311.5
水库调节	蓄水量	0.0	1093.7	1335.4	0.0	570.3	2320.6	204.1	0.0	5524.1
	放水量	0.0	1071.2	1191.8	0.0	522.8	2007.2	169.3	0.0	4962.3
	水库损失量	0.0	22.5	143.6	0.0	47.5	313.4	34.7	0.0	561.7
	小计	1483.6	10987.1	24338.2	11625.7	7671.4	8098.3	1018.3	17051.2	82273.8
地下水	农业灌溉潽补充地下水量	0.0	806.3	1616.6	0.0	796.0	4301.0	1022.4	0.0	8542.3
	生活	0.0	222.1	196.0	0.0	4.0	553.0	3.0	21.0	999.1
	小计	0.0	1028.4	1812.6	0.0	800.0	4854.0	1025.4	21.0	9541.4
	再生水	0.0		330.0	130.0	487.0			60.0	1007.0
	合计	1483.6	12015.5	26480.8	11755.7	8958.4	12952.3	2043.7	17132.2	92822.2
供需分析	余水量	7394.2			141935.9				169817.9	319148.0
	缺水量		1479.6	5254.6		2682.3	942.0			10358.5

注　由于数据计算过程的"四舍五入"，表中数据结果有微小偏差。

第7章

水 资 源 配 置

7.1 水资源配置原则

克州水资源量丰富，产水量大，但因地处山区和祖国边陲，灌区开发利用条件较差，水资源空间分布和灌区经济发展布局不协调的问题长期制约着经济发展。未来，随着灌区经济社会发展的快速增长，灌区用水量的激增以及实行最严格水资源管理制度的要求，原有的水资源开发利用模式更加无法满足新形势下灌区发展的需求。因此，迫切需要在现有的水资源开发利用模式基础上探寻更新更优更合理的水资源配置模式。本书中，严格遵循实行最严格水资源管理制度的相关要求，紧密围绕"节水优先、空间均衡、系统治理、两手发力"的新时期治水思路，以区域水资源和生态环境承载能力为底限，针对当地水资源开发利用中存在的问题，通过采取工程与非工程措施，提高工程调蓄能力，充分发挥水资源在经济社会转型升级中的先导性、约束性作用，为区域经济和社会发展提供水资源保障。

（1）坚持全面规划、统筹兼顾，因地制宜、突出重点的原则。坚持全面规划、统筹兼顾的基本原则，处理好上下游、兵地、各行各业、社会经济发展与生态环境用水关系。同时，根据自身水资源状况和经济社会条件，确定水资源开发、利用、配置、节约、保护、治理的重点。

（2）严格控制用水总量，遵循实行最严格水资源管理制度相关要求。严格按照实行最严格水资源管理制度中水资源开发利用"三条红线"的控制要求，以水资源承载能力为基准，统筹协调、合理配置区域经济社会用水总量，保障克州向资源节约型、环境友好型方向良好发展。

（3）优化配置水资源，促进水资源高效、可持续利用的原则。以水资源合理利用为核心，优化配置区域内的地表水与地下水资源，遵循高效利用地表水、地下水的原则，提高水资源利用效率和效益，实现水资源永续利用。

（4）坚持节约、保护水资源的原则。以全面建成节水型社会为目标，以减量化、再利用、资源化为原则，从各行各业抓起，配套节水措施，增强再生水利用能力，节约和保护水资源。

（5）保障生态用水，平衡经济社会与生态环境两大系统用水，坚持人与自然和谐发展。在经济社会科学、稳步前进的前提下，以调整产业结构、节约用水为手段，采取水资源协调发展型配置方式，使生产力布局与资源环境承载能力相适应，改善和保护生态环境，促进经济社会与生态环境两大系统协同良性发展。

（6）正确处理好本区域开发与下游用水户的关系，推动喀什噶尔河流域整体和谐发展。克州境内的库山河、盖孜河、克孜河、恰克马克河、布古孜河均属于喀什噶尔河流域，且库山河、盖孜河、克孜河、恰克马克河均为克州和喀什地区共同利用河流。本书严格遵照喀什噶尔河流域管理处编制的《喀什噶尔河流域水利管理章程》中确定的分水制度来开发利用克州水资源，同时克州未来的需水规模严格控制在《新疆用水总量控制方案》确定的用水量要求之内，从而保障并维护喀什地区的用水权益，促进喀什噶尔河流域整体和谐发展。

（7）合理规划布置山区控制性水利工程，增强区域水资源调控能力。针对克州目前部分河流上缺乏控制性工程等问题，通过建设控制性水利工程改善水资源时空分布不均的自然状况，提高水行政主管部门对水资源的调控能力，缓解"春旱、夏洪、秋缺、冬枯"等供用水矛盾。

7.2 水资源配置总体格局

根据上述确定的水资源配置原则，结合当地的实际情况，针对水资源开发利用和保护中存在的主要问题，以水资源承载能力为底限，以保障生态环境为前提，遵循公平、高效和可持续的原则，适当调整灌区规模，兼顾经济社会与生态环境两大系统用水，统筹考虑各类工程措施与非工程措施，提出分区水资源开发、利用、治理、节约和保护重点和方向，拟定以下水资源配置总体格局。

考虑当地水资源条件和经济社会的发展需求，2025年灌区的灌溉面积控制在133.2万亩，2035年控制在130.3万亩；水平年区域需水量严格控制在实行最严格水资源管理制度要求的用水总量控制指标之内，高效节水灌溉面积分别发展到78.9万亩、95.0万亩，农业综合灌溉水利用系数分别提高到0.61、0.63，农业综合毛灌溉定额分别降低到655.8m³/亩、630.8m³/亩，农业灌溉需水量分别降低到8.73亿m³、8.22亿m³；合理安排工程布局，从提高水资源利用调控能力的角度出发，水平年新建库尔干水库、乌鲁瓦提水库、阿合奇水库、乔诺水库、托帕水库、铁列克水库。

通过扩大高效节水灌溉面积、调整用水结构、退减灌溉面积和兴建水库等措施，总体上，克州各业用水需求基本上得到了满足。

克州水资源配置总体格局见表7.2-1。

表 7.2－1　　　　　克州水资源配置总体格局表

项　　目	单位	2015 年	2025 年	2035 年
灌溉面积	严格控制在《新疆用水总量控制方案》中确定的克州灌溉面积控制要求之内			
	万亩	137.2	133.2	130.3
需水量	严格控制在实行最严格水资源管理制度要求的用水总量控制指标之内			
	亿 m³	13.1	10.23	10.25
农业高效节水灌溉面积	万亩	16.8	78.9	95.0
农业灌溉水利用系数	—	0.47	0.61	0.64
农业综合毛灌溉定额	m³/亩	906.5	655.8	627.4
地表水资源可利用量	扣除河道内生态用水需求后，按照分水比和用水总量控制要求确定灌区可利用水量			
地下水可利用量	采取地下水可开采量和《新疆用水总量控制方案》中确定的地下水控制用水量中的小值			
水库	座	17	23	23

7.3　河道内外水资源配置

　　根据克州各河流的水资源条件和开发利用潜力，以保护生态环境和水资源可持续利用为目标，通过供需分析、河道内外水量平衡等方法，合理配置规划水平年克州各水资源利用分区的河道内和河道外供水量，配置结果详见表 7.3－1 和表 7.3－2。

表7.3-1 2025年不同供水保证率下各水资源利用分区河道内外水资源配置表

单位：万 m³

水平年	供水保证率/%	项目	叶尔羌河上游和依格孜牙河区	库山河区	盖孜河区	克孜河区	恰克马克河区	布古孜河区	哈拉峻盆地	托什干河区	合计
2025年	P=50	地表来水量	15943.8	64709.6	130751.2	233304.5	20155.3	12618.2	1511.7	279743.8	758738.1
		地下水实际开采量	0.0	222.1	202.7	0	4.0	2767.2	934.4	21.0	4151.4
		再生水实际利用水量	0.0	0.0	330.0	130	484.0	0.0	60.0	60.0	1004.0
		河道内生态需水量	0.0	3235.5	8822.6	12307.5	0.0	981.7	75.6	13987.2	39410.1
		河道外生产需水量	1757.8	13201.2	32229.7	10165.4	12584.5	13995.2	2123.5	16232.2	102289.5
		水库损失水量	0.0	116.0	498.5	0.0	78.9	408.5	0.0	0.0	1101.9
		下游河道预留或余水量	14186.1	48379.1	89733.0	210961.6	7979.7	0.0	247.0	249605.4	621091.9
	P=75	地表来水量	13035.4	59277.6	114992.8	204331.4	15887.4	10498.5	1257.7	245004.9	664285.9
		地下水实际开采量	0.0	548.5	1155.1	0.0	4.0	4854.0	987.7	21.0	7570.3
		再生水实际利用水量	0.0	0.0	330.0	130.0	484.0	0.0	0.0	60.0	1004.0
		河道内生态需水量	0.0	2963.9	8118.0	10927.2	0.0	892.9	62.9	12250.2	35215.1
		河道外生产需水量	1757.8	13201.2	32229.7	10165.4	12584.5	13995.2	2123.5	16232.2	102289.5
		水库损失水量	0.0	127.5	394.8	0.0	117.4	464.4	59.0	0.0	1163.1
		下游河道预留或余水量	11277.7	43533.6	75735.4	183368.9	3673.4	0.0	0.0	216603.5	534192.5
	P=97	地表来水量	8877.9	50757.2	90357.0	162477.2	9953.6	9252.4	1108.4	196704.3	529488.0
		地下水实际开采量	0.0	1028.4	1812.6	0.0	800.0	4854.0	1089.0	21.0	9605.0
		再生水实际利用水量	0.0	330.0	330.0	130.0	484.0	0.0	0.0	60.0	1004.0
		河道内生态需水量	0.0	2537.9	7008.9	8915.6	0.0	840.7	55.4	9835.2	29193.7
		河道外生产需水量	1757.8	13201.2	32229.7	10165.4	12584.7	13995.2	2123.5	16232.2	102289.5
		水库损失水量	0.0	34.5	185.3	0.0	51.3	354.5	39.9	0.0	665.5
		下游河道预留或余水量	7120.1	36012.0	53075.8	143526.2	2026.1			170717.9	412478.1

表 7.3-2　　2035 年不同供水保证率下各水资源利用分区河道内外水资源配置表

单位：万 m³

水平年	供水保证率/%	项 目	叶尔羌河上游和依格孜牙河区	牟山河区	盖孜河区	克孜河区	恰克马克河区	布古孜河区	哈拉峻盆地	托什干河区	合计
2035 年	P=50	地表来水量	15543.8	64709.6	130751.2	233304.5	20891.3	12618.2	1511.7	279743.8	759474.1
		地下水实际开采量	0.0	269.5	732.4	0.0	4.0	2617.1	831.3	21.0	4475.3
		再生水实际利用水量	0.0	0.0	330.0	130.0	487.0	0.0	60.0	60.0	1007.0
		河道内生态需水量	0.0	3235.5	8822.6	12307.5	0.0	981.7	75.6	13987.2	39410.1
		河道外生产需水量	1483.6	13495.1	31735.4	10153.7	12572.6	13894.3	2043.7	17132.2	102510.6
		水库损失水量	0.0	34.3	355.1	0.0	69.4	359.2	0.0	0.0	818.0
		下游河道预留或余水量	14460.2	48214.2	90900.4	210973.3	8740.5	0.0	223.7	248705.4	622217.7
	P=75	地表来水量	13035.4	59277.6	114992.8	204331.4	16623.6	10498.5	1257.7	245004.9	665021.9
		地下水实际开采量	0.0	749.0	572.4	0.0	4.2	4768.7	905.0	60.0	7059.3
		再生水实际利用水量	0.0	0.0	330.0	130.0	487.0	0.0	60.0	60.0	1007.0
		河道内生态需水量	0.0	2963.9	8118.0	10927.2	0.0	892.9	62.9	12250.2	35215.1
		河道外生产需水量	1483.6	13495.1	31735.4	10153.7	12572.6	13894.3	2043.7	17132.2	102510.6
		水库损失水量	0.0	34.2	306.3	0.0	122.2	479.9	56.1	0.0	998.7
		下游河道预留或余水量	11551.8	43533.6	75735.4	183380.6	4420.0	0.0	0.0	215742.4	534363.8
	P=97	地表来水量	8877.9	50757.2	90357.0	162477.2	10689.6	9252.4	1108.4	196704.3	530224.0
		地下水实际开采量	0.0	1028.4	1812.6	0.0	800.0	4854.0	1025.4	21.0	9541.4
		再生水实际利用水量	0.0	0.0	330.0	130.0	487.0	0.0	60.0	60.0	1007.0
		河道内生态需水量	0.0	2537.9	7008.9	8915.6	0.0	840.7	55.4	9835.2	29193.7
		河道外生产需水量	1483.6	13495.1	31735.4	10153.7	12572.6	13894.3	2043.7	17132.2	102510.6
		水库损失水量	0.0	22.5	143.6	0.0	47.5	313.4	34.7	0.0	561.7
		下游河道预留或余水量	7394.2	35730.1	53611.7	143537.9	2038.9		0.0	169817.9	412130.7

从配置结果可以看出，在 $P=50\%$、$P=75\%$ 和 $P=97\%$ 供水保证率下，到 2025 年和 2035 年，克州和喀什地区、阿克苏地区共用的几条河流下游河道均预留有足够水量，以确保克州上游引水不影响下游其他地区或灌区的用水权益。

7.4　区域水资源配置

按照实行最严格水资源管理制度的相关要求，从实现经济社会与生态环境协调发展，发挥区域水资源优势，促进水资源高效利用，支撑经济社会可持续发展的角度，在供需分析与评价的基础上，从水资源特有的自然、社会、经济和生态等属性出发，确定多种水源在区域间和用水部门之间的调配。综合考虑区内各行业的用水需求以及克州与周边地区的用水关系，对克州各水资源利用分区进行 $P=50\%$ 供水保证率下区域水量平衡分析，详见表 7.4-1。

不同水源和不同行业水资源配置结果详见"7.5 不同水源水资源配置"和"7.6 不同用水行业水资源配置"篇章。

7.5　不同水源水资源配置

克州各水资源利用分区不同水源水资源配置结果见表 7.5-1。

7.6　不同用水行业水资源配置

克州各水资源利用分区不同用水行业水资源配置结果见表 7.5-1。

表7.4-1　2025年和2035年 *P*=50%供水保证率下各水资源利用分区区域水资源配置表　　单位：亿 m³

水平年	分区	入区水量	本地产水量	地下水实际供水量	再生水利用量	跨区调水量	区内用水量	出区水量
2025年	叶尔羌河上游和依格孜牙河区	64.51	3.89	0.00	0.00		0.17	68.23
	库山河区		6.85	0.05	0.00		1.65	5.25
	盖孜河区		15.24	0.12	0.03		4.16	11.23
	克孜河区	6.06	18.09	0.00	0.01	−0.09	2.25	22.00
	恰克马克河区		2.02	0.00	0.05	0.09	1.27	0.71
	布古孜河区		1.86	0.49	0.00		1.54	0.81
	哈拉峻盆地		1.53	0.10	0.00		0.22	1.41
	托什干河区	17.77	11.99	0.00	0.01		3.02	26.75
	合计	88.34	61.47	0.76	0.10	0.00	14.28	136.39
2035年	叶尔羌河上游和依格孜牙河区	64.51	3.89	0.00	0.00		0.15	68.26
	库山河区		6.85	0.03	0.00		1.68	5.20
	盖孜河区		15.24	0.07	0.03		4.09	11.25
	克孜河区	6.06	18.09	0.00	0.01	−0.16	2.25	22.07
	恰克马克河区		2.02	0.00	0.05	0.16	1.27	0.64
	布古孜河区		1.86	0.26	0.00		1.52	0.60
	哈拉峻盆地		1.53	0.09	0.00		0.21	1.41
	托什干河区	17.77	11.99	0.00	0.01		3.11	26.66
	合计	88.34	61.47	0.45	0.10	0.00	14.27	136.09

表 7.5 - 1　克州各水资源利用分区不同水源和不同用水行业水资源配置表

单位：万 m³

水平年	项目			叶尔羌河上游、依格孜牙河区			库山河区			盖孜河区			克孜河区		
				P=50%	P=75%	P=97%	P=50%	P=75%	P=97%	P=50%	P=75%	P=97%	P=50%	P=75%	P=97%
2025年	分水源供水量	地表水		1757.8	1757.8	1757.8	12979.1	12652.7	10975.2	31697.0	30744.6	24296.6	10035.4	10035.4	10035.4
		地下水		0.0	0.0	0.0	222.1	548.5	1028.4	202.7	1155.1	1812.6	0.0	0.0	0.0
		再生水		0.0	0.0	0.0	0.0	0.0	0.0	330.0	330.0	330.0	130.0	130.0	130.0
		合计		1757.8	1757.8	1757.8	13201.2	13201.2	12003.6	32229.7	32229.7	26439.2	10165.4	10165.4	10165.4
	分行业供水量	生活	城镇生活	111.3	111.3	111.3	227.2	227.2	227.2	687.1	687.1	687.1	224.4	224.4	224.4
			农村生活	82.4	82.4	82.4	168.2	168.2	168.2	462.2	462.2	462.2	68.0	68.0	68.0
			小计	193.7	193.7	193.7	395.4	395.4	395.4	1149.3	1149.3	1149.3	292.4	292.4	292.4
		工业		0.0	0.0	0.0	181.4	181.4	181.4	1027.5	1027.5	1027.5	3882.8	3882.8	3882.8
		农业		1397.0	1397.0	1397.0	12320.6	12320.6	11123.0	29515.7	29515.7	23725.2	5752.6	5752.6	5752.6
		牲畜		167.1	167.1	167.1	51.0	51.0	51.0	284.4	284.4	284.4	66.5	66.5	66.5
		渔业		0.0	0.0	0.0	0.0	0.0	0.0	0.0	0.0	0.0	0.0	0.0	0.0
		小计		1564.1	1564.0	1564.0	12553.0	12553.0	11355.4	30827.7	30827.7	25037.1	9701.9	9701.9	9701.9
		城镇绿化		0.0	0.0	0.0	252.8	252.8	252.8	252.8	252.8	252.8	171.1	171.1	0.0
		合计		1757.8	1757.8	1757.8	13201.2	13201.2	12003.6	32229.7	32229.7	26439.2	10165.4	10165.4	10165.4

续表

水平年	项目		叶尔羌河上游、依格孜牙河区			库山河区			盖孜河区			克孜河区		
			P=50%	P=75%	P=97%	P=50%	P=75%	P=97%	P=50%	P=75%	P=97%	P=50%	P=75%	P=97%
2035年	分水源供水量	地表水	1483.6	1483.6	1483.6	13225.6	12746.0	10987.1	30673.0	30833.1	24338.2	10023.7	10023.7	10023.7
		地下水	0.0	0.0	0.0	269.4	749.0	1028.3	732.6	572.5	1812.7	0.0	0.0	0.0
		再生水	0.0	0.0	0.0	0.0	0.0	0.0	330.0	330.0	330.0	130.0	130.0	130.0
		合计	1483.6	1483.6	1483.6	13495	13495	12015.4	31735.6	31735.6	26480.9	10153.7	10153.7	10153.7
	分行业供水量	生活 城镇生活	219.8	219.8	219.8	448.5	448.5	448.5	1301.5	1301.5	1301.5	327.1	327.1	327.1
		生活 农村生活	65.8	65.8	65.8	134.3	134.3	134.3	374.9	374.9	374.9	67.0	67.0	67.0
		小计	285.6	285.6	285.6	582.8	582.8	582.8	1676.4	1676.4	1676.4	394.1	394.1	394.1
		工业	0.0	0.0	0.0	391.2	391.2	391.2	2217.0	2217.0	2217.0	4158.7	4158.7	4158.7
		农业	1022.5	1022.5	1022.5	12195.2	12195.2	10715.6	27270.3	27270.3	22015.7	5359.1	5359.1	5359.1
		牲畜	175.5	175.5	175.5	53.6	53.6	53.6	299.7	299.7	299.7	70.7	70.7	70.7
		渔业	0.0	0.0	0.0	0.0	0.0	0.0	0.0	0.0	0.0	0.0	0.0	0.0
		小计	1198	1198	1198	12640.0	12640.0	11160.4	29787	29787	24532.4	9588.5	9588.5	9588.5
		城镇绿化	0.0	0.0	0.0	272.2	272.2	272.2	272.2	272.2	272.2	171.1	171.1	171.1
		合计	1483.6	1483.6	1483.6	13495	13495	12015.4	31735.6	31735.6	26481	10153.7	10153.7	10153.7

续表

水平年	项目		恰克马克河区 P=50%	恰克马克河区 P=75%	恰克马克河区 P=97%	布古孜河区 P=50%	布古孜河区 P=75%	布古孜河区 P=97%	哈拉峻盆地 P=50%	哈拉峻盆地 P=75%	哈拉峻盆地 P=97%	托什干河区 P=50%	托什干河区 P=75%	托什干河区 P=97%	合计 P=50%	合计 P=75%	合计 P=97%
2025年	分水源供水量	地表水	12096.7	12096.7	7876.2	11228.0	9141.2	8057.2	1189	1135.7	1013	16151.2	16151.2	16151.2	97134.2	93715.3	80162.6
		地下水	4.0	4.0	800.0	2767.2	4854.0	4854.0	934.4	987.7	1089.0	21.0	21.0	21.0	4151.4	7570.3	9605.0
		再生水	484.0	484.0	484.0	0.0	0.0	0.0	0.0	0.0	0.0	60.0	60.0	60.0	1004.0	1004.0	1004.0
		合计	12584.7	12584.7	9160.2	13995.2	13995.2	12911.2	2123.4	2123.4	2102	16232.2	16232.2	16232.2	102289.6	102289.6	90771.6
	分行业供水量	生活 城镇生活	558.6	558.6	558.6	1310.6	1310.6	1310.6	122.9	122.9	122.9	289.2	289.2	289.2	3531.3	3531.3	3531.3
		生活 农村生活	156.4	156.4	156.4	364.7	364.7	364.7	34.1	34.1	34.1	87.7	87.7	87.7	1423.7	1423.7	1423.7
		小计	715	715.0	715.0	1675.3	1675.3	1675.3	157	157	157	376.9	376.9	376.9	4955.0	4955.0	4955.0
		工业	1595.2	1595.2	1595.2	0.0	0.0	0.0	0.0	0.0	0.0	465.0	465.0	465.0	7151.9	7151.9	7151.9
		农业	9485.2	9485.2	6060.7	12103.5	12103.5	11019.6	1869.7	1869.7	1848.3	14900.2	14900.2	14900.2	87344.5	87344.5	75826.6
		牲畜	128.2	128.2	128.2	184.5	184.5	184.5	96.7	96.7	96.7	171.3	171.3	171.3	1149.6	1149.6	1149.6
		渔业	0.0	0.0	0.0	31.9	31.9	31.9	0.0	0.0	0.0	0.0	0.0	0.0	31.9	31.9	31.9
		小计	11208.6	11208.6	7784.1	12319.9	12319.9	11236.0	1966.4	1966.4	1945.0	15536.4	15536.4	15536.4	95677.9	95677.9	84160.0
		城镇绿化	661.1	661.1	661.1	0.0	0.0	0.0	0.0	0.0	0.0	318.9	318.9	318.9	1656.7	1656.7	1656.7
		合计	12584.6	12584.7	9160.2	13995.2	13995.2	12911.2	2123.5	2123.5	2102.1	16232.2	16232.2	16232.2	102289.5	102289.5	90771.6

续表

水平年	项目		格克马克河区			布古孜河区			哈拉峻盆地			托什干河区			合计		
			P=50%	P=75%	P=97%	P=50%	P=75%	P=97%	P=50%	P=75%	P=97%	P=50%	P=75%	P=97%	P=50%	P=75%	P=97%
2035年	分水源供水量	地表水	12081.6	12081.3	8603.3	11277.2	9125.7	8098.3	1212.4	1138.7	1018.3	17051.2	17051.2	17051.2	97028.3	94483.3	81603.7
		地下水	4.0	4.3	800.0	2617.1	4768.6	4854.0	831.2	904.9	1025.3	21.0	21.0	21.0	4475.3	7020.3	9541.3
		再生水	487.0	487.0	487.0	0.0	0.0	0.0	0.0	0.0	0.0	60.0	60.0	60.0	1007.0	1007.0	1007.0
		合计	12572.6	12572.6	9890.3	13894.3	13894.3	12952.3	2043.6	2043.6	2043.6	17132.2	17132.2	17132.2	102510.6	102510.6	92152
	分行业供水量	生活 城镇生活	883.7	883.7	883.7	2004.1	2004.1	2004.1	195.8	195.8	195.8	397.7	397.7	397.7	5778.2	5778.2	5778.2
		生活 农村生活	127.1	127.1	127.1	280.7	280.7	280.7	27.2	27.2	27.2	89.5	89.5	89.5	1166.5	1166.5	1166.5
		小计	1010.8	1010.8	1010.8	2284.8	2284.8	2284.8	223.0	223.0	223.0	487.2	487.2	487.2	6944.7	6944.7	6944.7
		工业	2681.2	2681.2	2681.2	0.0	0.0	0.0	0.0	0.0	0.0	1386.2	1386.2	1386.2	10834.3	10834.3	10834.3
		农业	8072.3	8072.3	5390.0	11385.4	11385.4	10443.3	1719.0	1719.0	1719.0	14754.2	14754.2	14754.2	81778.0	81778.0	71419.4
		牲畜	135.5	135.5	135.5	194.1	194.1	194.1	101.6	101.6	101.6	181.8	181.8	181.8	1212.5	1212.5	1212.5
		渔业	0.0	0.0	0.0	30.0	30.0	30.0	0.0	0.0	0.0	0.0	0.0	0.0	30.0	30.0	30.0
		小计	10889.0	10889.0	8206.7	11609.5	11609.5	10667.5	1820.6	1820.6	1820.6	16322.2	16322.2	16322.2	93854.8	93854.8	83496.2
		城镇绿化	672.8	672.8	672.8	0.0	0.0	0.0	0.0	0.0	0.0	322.8	322.8	322.8	1711.1	1711.1	1711.1
		合计	12572.6	12572.6	9890.3	13894.3	13894.3	12952.3	2043.6	2043.6	2043.6	17132.2	17132.2	17132.2	102510.6	102510.6	92152

注 数据计算过程的"四舍五入",表中数据结果有微小偏差。

第8章

节 水 与 供 水 方 案

8.1 节约用水方案

8.1.1 现状用水模式

现状克州灌区农业普遍还是采用大水漫灌方式，灌水效率较低，农民节水意识不强，高效节水面积占比较小，仅有12.2%，现状农业还有较大节水潜力。

现状工业用水定额为95.8m³/万元，工业水重复利用率55%，主要采用管道方式引用地表水。

城市供水管网覆盖率达到95%，由自来水公司或水务公司负责供水，农村供水管网基本形成，主要以村为单位采用集中供水方式。

8.1.2 节水潜力分析

（1）农业节水潜力。克州地处西北内陆干旱区，水资源是维系当地社会经济发展的主要命脉之一。克州现状各业用水占到总用水量的95%以上，要保证社会经济对资源的需求，必须由传统农业向高产、优质、高效农业转变，使有限的水资源发挥更大的作用，保证经济社会的可持续发展。

克州灌区干支渠现状防渗率不高，渠道都是在20世纪50—60年代修建的，破损厉害，渗漏损失较大，根据调查，现状年干渠防渗率为 56.7%，支渠防渗率为 43.7%，斗渠防渗率为 11.8%，农渠无防渗；综合渠系水利用系数为 0.58，田间水利用系数为 0.84，灌区综合毛灌溉定额 847m³/亩。

由于克州灌区管理薄弱，灌溉技术落后，加之水利工程设施不配套，工程老化失修严重，渠系防渗率不高，工程运行时间长，老化问题严重，许多地段防渗失去作用，水的利用率并不高，而且节水面积比例比较低，造成现状年灌溉定额偏大。

通过退地，克州可减少灌溉面积 7 万亩，按照综合毛灌溉定额 646m³/亩，可节水 4522 万 m³。随着种植业结构调整、节水灌溉面积的扩大、灌溉技术和农艺技术的改进，预计在节水目标实现的条件下，种植业的净定额和林牧渔畜毛定额将相应地下降。根据分析种植业的不同作物、林牧渔畜业（林果、草场、牲畜、鱼塘）现状用水与节水指标实现条件下灌溉定额的差距，在现有灌溉面积情况下，可节水 27537 万 m³。因此，农业节水潜力约为 32059 万 m³，约为现状年农业用水总量的 27%。

（2）工业节水潜力。工业节水潜力与工业产业结构、工业设备状况、生产工艺和用水管理水平等密切相关。工业万元增加值取水量和工业用水重复利用率是考核工业用水水平和节水水平的重要指标。根据《克州国民经济和社会发展第十三个五年规划纲要》，克州工业发展以工业园区建设为主，在采取降低工业万元增加值取水定额、提高水的重复利用率等节水手段后，工业万元增加值定额将由现状的 95.8m³/万元降低至 50m³/万元，并采用基准年各行业的工业增加值，估算克州工业节水潜力约为 600 万 m³，约为现状年工业用水总量的 37%。

（3）生活节水潜力。克州民众节水意识薄弱，浪费水资源的现象普遍存在，节水器具普及率非常低。现状年克州节水器具的推广力度有待提高，基础设施建设与供用水管理亟待加强。通过分析现状克州城市管网输水损失率与节水指标之差，按现状人口计算，估算克州城镇生活用水的节水潜力约为 87 万 m³，约为现状年城镇生活用水总量的 3%。

8.1.3 节水目标

（1）农业节水目标。农业节水主要考虑提高节灌率，同时提高相关的灌溉水利用系数、降低灌溉定额。

1）节灌率指标。随着克州国民经济和社会发展，二、三产业及城镇生活需水量不断增加，为满足各业的需水要求，需把水资源配置方向从低效益的经济领域转向高效益的经济领域，实现水的利用从粗放型向集约型转变。

根据克州国民经济社会发展及农业发展规划，结合克州水资源条件、土壤条件、气候条件和作物结构，水平年，在现状节水灌溉水平的基础上，通过压减灌溉面积、土地整治，扩大高效节水灌溉面积，加大农业结构的调整力度，发展高科技农业、绿色有机农业，降低农业用水比重。根据《新疆高效节水"十三五"规划》中分配给克州"三条红线"用水效率控制指标，结合克州可能达到的节水水平，确定近期 2025 年节水灌溉面积由现状年的 16.80 万亩增加到 85.72 万亩，节灌率由现状年的 12.24％提高至 64.36％，远期 2035 年节水总灌溉面积增加到 90.65 万亩，2035 年节灌率由近期的 64.36％提高至 69.55％，确保农业用水水平的全面提高。

2）灌溉水利用系数指标。克州现状年综合灌溉水利用系数为 0.49，水平年，通过灌区续建配套与节水改造等措施，克州综合灌溉水利用系数 2025 年将达到为 0.63，2035 年将达到 0.66。

3）灌溉定额。2015 年克州农业综合毛灌溉定额为 847m³/亩，按照克州"三条红线"用水效率控制指标，水平年，随着灌区种植结构调整、节水灌溉面积的扩大、灌溉技术和农艺技术的改进，2025 年、2035 年综合毛灌定额将分别降至为 679m³/亩、646m³/亩，满足克州"三条红线"用水效率控制指标要求。

（2）工业节水目标。克州工业基础设施薄弱，水平年，克州工业发展按照"工业园区化、园区产业化、产业集群化"的思路，"产业集聚和用地集约"原则，坚持围绕农业发展工业、依托资源发展工业，坚持面向市场发展工业的思路，大力发展农副产品加工业，统筹培育风电产业，积极发展旅游产品加工业。克州受自身资源环境、工业结构、生产工艺和用水水平的影响，工业节水不仅应考虑与农业节水及城市化发展的协调，而且应与水环境的治理、改善和保护的要求相配合。在制定克州工业节水目标时，严格按照新疆水利厅下发给克州"三条红线"用水效率控制指标制定节水发展目标。2025 年克州万元工业增加值用水指标为 70m³/万元，2035 年克州万元工业增加值用水指标为 50m³/万元。

（3）生活节水目标。现状克州城镇管网漏失率为 10％，符合《城市供水管网漏损控制及评定标准》（CJJ 92—2002）中城市供水企业管网基本漏损率不应大于 12％的要求。随着未来城市基础设施的不断完善以及对城镇建设投资的增加，全区城镇供水系统效率有待进一步提高，鉴于城市管网修复、更新改造周期长、投资较大，综合考虑各项因素后，城镇供水管网综合漏失率 2025 年、2035 年均控制在 10％以内。

8.2 供水保障方案

8.2.1 供水保障工程措施方案

克州位于天山绿洲的核心区域，随着克州城镇化、工业化的快速发展，水平年用水将会增加；节水的主要目的是减少水资源的无效消耗量、提高水资源利用效率。节水目标的实现必须以切实可行的节水措施为保障。节水措施包括工程措施和非工程措施。

供水工程主要有蓄水工程（水库工程、渠首工程）、引输水工程（干、支、斗、农渠渠道输水工程，农村安全饮水工程，排水工程）、机井工程等。

（1）农业节水措施。根据克州各乡镇的自然条件和灌溉现状，农业节水以压减面积、扩大高效节水灌溉面积为重点，同时注重调整农业种植结构，并加强灌区续建配套与节水改造工程建设。主要节水措施如下：

1）抓好以渠道防渗为主的输水环节节水建设，加强灌区配套工程建设，并积极推广管道输水技术，减少输水损失，提高灌溉水利用效率。

2）以土地平整为基本措施，不断改进常规地面灌溉节水技术，并在此基础上，进一步优化灌溉制度，积极推广农业滴灌、低压管道灌等先进灌水技术。

3）选择抗旱优良品种，推行水肥耦合、覆膜种植、秸秆覆盖、耕作保墒技术等农艺节水增效技术，提高水的利用效率。

（2）工业节水措施。克州工业基础相对薄弱，工业节水显得尤为重要。克州工业节水以提高工业用水重复利用率和改造高用水工艺设备为重点，限制发展高用水行业。同时实行计划用水，提倡一水多用、优水优用；进行工艺改造和设备更新，淘汰耗水量大、技术落后的生产工艺和设备；应用节水和高效的新技术；根据水资源条件，合理调整产业结构和工业布局。

1）鼓励企业进行节水技术开发和节水设备、器具的研制，重点抓企业工业内部循环水重复利用率，对重点行业推行节水工艺和技术措施。提高工业用水的重复利用率。

2）大力推进工业节水新技术、新工艺和新设备，加快淘汰落后高耗水工艺、设备和产品，积极推进乡镇、企业水资源循环利用和工业废水处理回用。

（3）城镇生活及服务业节水措施。受自然环境的影响，克州城镇规模普遍偏小、功能不完善，设施服务标准和服务水平低。城市生活及服务业节水措施主要从以下几方面入手：

1）加快城镇及乡村供水管网改造，降低管网漏失率；加强公用设施节约用水管理。加强节水宣传工作，提高居民的节水意识。

2）制定用水定额，实行计划管理。对各用水户实行计划用水，做到装表到户，计量收费。

3）加强城镇及各乡村新建公共及民用住宅区全部使用节水设施，老居民区进行节水器具更换，推广使用节水器具和设备。

4）积极推广城镇再生水利用技术，提高水资源利用效率。

8.2.2　非工程措施方案

　　克州水资源短缺，水行政管理单位正在逐步完善中，国家对水利行业的支持及监管力度的加大，克州除了兴建水利工程外，还需要加强非工程措施来增强水资源的合理调度。针对克州地区，非工程措施方案制定如下。

　　（1）实行最严格水资源管理制度。落实最严格的水资源管理制度，根据克州"三条红线"控制指标，严格实行用水总量控制、水功能区限制纳污能力控制、用水效率控制，加强节约用水管理和促进节约用水制度体系建设，推进节水型社会建设。严格水功能区监督管理，强化水资源管理责任和考核制度，加强水资源监测系统建设，实现水资源的高效利用。

　　（2）加强管理制度建设。克州建立以政府调控、总量控制、定额管理、水价合理、超定额加价和水权明晰、市场引导、有偿流转、公众参与的节水型社会建设运行管理机制。加大高耗水行业、重点用水大户的监督检查和用水水平考核管理机制。严格落实水资源论证审批制度，建立完善节水考核指标体系，按照《取水许可管理实施办法》（2008年水利部令第34号发布，2017年修正），加强取水许可管理。按照"一控双达标"原则，建立健全排污总量控制和排污取水许可制度。

　　（3）建立高效节水设备和用水器具认证制度。根据国家节水型用水器具名录和明令淘汰的用水器具名录，对节水设备和用水器具的生产、销售企业进行监督，逐步建立节水型用水器具认证制度和准入制度。凡新建、改建、扩建的工业、城市公共设施、住宅建设项目必须使用节水型用水器具，设计部门要严格按照"三同时四到位"（同时设计、同时施工、同时投入应用，用水计划到位、节水目标到位、节水措施到位、管理制度到位）制度，大力推广应用智能型公共设施用水器具。

　　（4）出台地方性节水政策，建立完善的法制体系。贯彻落实《中华人民共和国水法》和建立节水型社会的要求，出台水资源统一管理、节约、保护的地方性政策，进一步建立和完善节水型社会建设的法制体系，强化行政执法手段，加大监督力度，为节水型社会建设提供政策支撑和法律保障。

（5）水价体系建设和节水激励制度建设。按照"补偿成本、合理收益、优质优价、公平负担"的原则调整供水价格，建立和推进阶梯式水价体系，对工业、生活用水实行定额管理、超定额累进加价制度。农业实行定额管理，水管单位按供水成本水价到位，农民参与式民主管水组织末级渠系水价到位。对弱势群体（含贫困人口、伤残人口等）予以照顾和制定优惠水价等保障措施。

鼓励和支持城市及工业加快推进节水技术改造和废水回用，加快城市中水回用设施建设，建立市场化运行机制，实行"谁改造、谁投资、谁收益"，政府帮助建立引资渠道并协调银行安排节水设备改造信贷指标，鼓励单位、集体、个人多元化引进资金，拓宽节水设备改造引资渠道。

根据"取之于水，用之于水"的原则，从水资源费、超计划加价水费中提取一定比例资金作为节水和管理专项资金，用于关键节水技术示范推广、技术改造贴息等。

（6）加强节水型社会建设宣传。加大宣传力度，提高全社会节水意识。要以"世界水日""中国水周"等活动为契机广泛开展克州建设节水型社会活动，加大《中华人民共和国水法》《中华人民共和国水土保持法》《新疆维吾尔自治区实施〈中华人民共和国水法〉办法》等法律、法规宣传和节水宣传力度。宣传主管部门要把节水宣传工作作为每年度的重要宣传内容之一，在新闻媒体开辟专题宣传栏目，营造浓厚的全社会节水氛围，普及节约用水常识，增强珍惜水、保护水、节约水的责任感、紧迫感和危机感，使公民普遍树立正确的用水观念和积极参与节水型社会建设。加强舆论监督，对浪费水、破坏水的行为公开曝光和依法查处，切实转变落后的用水观念。

（7）加大中水回用和再生水利用力度。要加强公共建筑、居住小区中水回用设施建设，积极创造条件加大再生水利用。工业、洗车、城市公共绿化、庭院绿化等用水环境有条件使用再生水的，应当规定使用比例，对达不到比例要求的，应相应核减一定比例的新水用水定额。

（8）加大节水设施建设资金投入。要加大节水专项财政投入，优先安排城市维护费、城镇供水、排水、污水处理和再生水利用项目及资金投入，确保城镇节约用水工作的顺利开展。

第9章

水 资 源 保 护 分 析

9.1 概述

党的十八大以来，以习近平同志为核心的党中央高度重视生态文明和环境保护，强调"绿水青山就是金山银山"，指明了实现发展和环境保护内在统一。水资源及其水生态的好坏事关克州地区社会稳定和长治久安，克州水资源质量现状总体良好，但生态用水和社会经济发展用水的矛盾日益突出，水资源及水生态系统保护的压力大；集中式饮用水水源保护区建设规范化程度不高，很多地区饮用水水源地的环境风险防范能力低下。克州水资源保护分析意在对区域内主要地表水体、饮用水水源地、地下水等水环境、水文特征、污染源特点等进行调查分析的基础上，结合克州各县（市）社会经济发展和自然环境特征，以水功能区水质维护为目标，在核定水平年水功能区纳污能力和总量控制指标的前提下，梳理区域内地表水环境、地下水环境、集中中式饮用水源地及水生态存在的主要问题，制定合适的水资源保护和生态修复措施，确保克州地区在水资源开发利用的同时水资源环境得到切实保护，实现社会经济发展和水资源保护的内在统一。

9.1.1 分析原则

针对克州水资源及其水环境质量存在的问题，水资源保护需满足以下原则。

（1）全面规划、统筹兼顾、突出重点的原则。坚持水资源开发利用与保护并重的原则；统筹兼顾流域、区域水资源综合开发利用和国民经济发展规划；优先保护城镇集中饮用水水源地原则。

（2）以水域纳污能力为依据，实行污染物总量控制。规划区域的水域纳污能力是制定污染物总量控制的主要依据，在规划中以此为基础，考虑水资源客观条件和技术经济能力，实行污染物总量控制，保护水质。

（3）水质与水量统一考虑的原则。水质与水量是水资源的两个主要属性。水资源保护规划的水质保护与水量密切相关。规划中将水质与水量统一考虑，是水资源的开发利用与保护辩证统一关系的体现。本书考虑区域水资源的综合利用，包括水污染的季节性变化、地域分布的差异、设计流量（地表水）和水位（地下水）、最小环境用水量、防止水源枯竭等因素。

（4）突出水资源保护监督管理的原则。水资源保护监督管理是水资源保护工作的重要方面，规划内容中把水资源保护监督管理作为规划的重要内容，提出相应的可实施的监督管理措施。

9.1.2　分析范围与保护目标

（1）水资源保护的范围。克州地区水资源保护规范的范围如下：

1）全州境内集中式饮用水水源地。

2）境内水量较大、开发利用程度相对较高、对区域社会经济影响较大、水环境质量已受到影响或受到威胁的河流、湖库等，主要包括克孜河、恰克马克河、布古孜河、盖孜河、库山河、托什干河等。

3）全州境内的地下水资源，以作为水源地的地下水水源地（区）为主。

（2）水资源保护总体目标。在划定的克州水功能区基础上，以国家资源和环境保护政策为依据，根据《克孜勒苏柯尔克孜自治州水污染防治工作方案》的要求，综合考虑当地有关规划及克州社会经济发展水平，河流水质现状和纳污能力，确定水平年不同类型水资源的保护目标。具体如下：

1）近期目标：到 2025 年全州集中式饮用水水源地水质达标率达到 100%，饮用水安全保障水平持续提升；主要河流水质保持稳定，水功能区水质达标率达到 100%；满足各主要河流干流上游和重要支流生态基流的要求，全州水生态环境状况持续好转；地下水环境质量保持稳定。

2）远期目标：到 2035 年保证全州各类水功能的持续利用，实现水环境良性循环，水生态系统功能维持健康状态；地下水环境监管能力全面提升，水源地及地下水污染风险得到有效防范。

9.2　地表水资源保护

9.2.1　水功能区划分与水质保护目标

（1）克州地表水功能区划分方案。水功能区划是依据国民经济和社会发展对水资源的需求，结合区域水资源状况，将区划范围内的河流、湖库水域划分为不同的特定功能区。

水功能区划分采用两级区划。一级区划分为四类，包括保护区、保留区、开发利用区、缓冲区；二级功能区划在开发利用区中进行，分为七类，包括饮用水水源区、工业用水区、农业用水区、渔业用水区、景观娱乐用水区、过渡区、排污控制区。一级区划主要解决地区之间的用水矛盾，二级区划主要解决部门之间的用水矛盾。

保护区是指对水资源保护、自然生态系统及珍稀濒危物种的保护具有重要意义和作用而划定的水域；缓冲区是指为协调省际、用水矛盾突出的地区间用水关系而划定的水域；开发利用区是指为满足工农业生产、城镇生活、渔业、游乐等功能需求而划定的水域；保留区是指目前水资源开发利用程度不高，为今后水资源可持续利用而保留的水域。

饮用水水源区是指为城镇提供综合生活用水而划定的水域；工业用水区是指为满足工业用水需求而划定的水域；农业用水区是指为满足农业灌溉用水而划定的水域；渔业用水区是指为满足鱼、虾、蟹等水生生物养殖需求而划定的水域；景观娱乐用水区是指以满足景观、疗养、度假和娱乐需要为目的的江河湖库等水域；过渡区是指为满足水质目标有较大差异的相邻水功能区间水质状况过渡衔接而划定的水域；排污控制区是指生产、生活废污水排污口比较集中的水域，且所接纳的废污水对水环境不产生重大不利影响。

1）一级区划。根据国务院批复的《全国重要江河湖泊水功能区划（2011—2030）》《全国水资源保护规划技术细则》以及《新疆水资源保护规划》克州地区水功能区划成果，克州内主要河流克孜河、恰克马克河、布古孜河、盖孜河、库山河、托什干河共划分水功能一级区 12 个（表9.2-1），区划河长 959.8km，其中，保护区 6 个，开发利用区 6 个。

表 9.2-1　　克州水功能一级区划表（仅克州境内）

水功能一级区名称	河流湖库	范围		长度/km	水质代表断面	区划依据
		起始断面	终止断面			
克孜河乌恰阿克陶源头水保护区	克孜河	入境	卡拉贝利	135	卡拉贝利	源头水
克孜河乌恰开发利用区	克孜河	卡拉贝利	乌恰、疏附县界	16.7	乌恰、疏附县界	工业用水
恰克马克河乌恰源头水保护区	恰克马克河	河源	恰其嘎水文站	137	恰其嘎水文站	源头水
恰克马克河阿图什开发利用区	恰克马克河	恰其嘎水文站	松他克	29.1	松他克	农业用水
布古孜河乌恰源头水保护区	布古孜河	河源	阿俄站	65	阿俄站	源头水
布古孜河乌恰阿图什开发利用区	布古孜河	阿俄站	托卡依水库	46	托卡依水库	农业用水

水功能一级区名称	河流湖库	范围		长度/km	水质代表断面	区划依据
		起始断面	终止断面			
盖孜河阿克陶源头水保护区	盖孜河	河源	克勒克水文站	177	克勒克水文站	源头水
盖孜河阿克陶开发利用区	盖孜河	克勒克水文站	阿克陶、疏附县界	37.8	阿克陶、疏附县界	农业用水
库山河阿克陶源头水保护区	库山河	河源	沙曼	93	沙曼	源头水
库山河阿克陶开发利用区	库山河	沙曼	阿克陶灌区	36.4	阿克陶灌区	农业用水
托什干河阿合奇源头水保护区	托什干河	国境线	沙里桂兰克	168	沙里桂兰克	源头水
托什干河阿合奇开发利用区	托什干河	沙里桂兰克	阿合奇、乌什县界	18.8	阿合奇、乌什县界	农业用水

a. 保护区。6 个保护区分别是克孜河、恰克马克河、布古孜河、盖孜河、库山河和托什干河源头水保护区。各河源头水保护区位于河源至第一个水文站以上，保护区总河长 775km，占本地区区划河长的 80.7%。

b. 开发利用区。划分的 6 个开发利用区主要有克孜河乌恰开发利用区、恰克马克河阿图什开发利用区、布古孜河乌恰阿图什开发利用区、盖孜河阿克陶开发利用区、库山河阿克陶开发利用区、托什干河阿合奇开发利用区。开发利用区总河长 184.8km（克州境内），占总河长的 19.3%。

2）二级区划。在开发利用区中，共划分水功能二级区 6 个（表 9.2 - 2），根据主导用水功能为依据，有工业用水区 1 个、农业用水区 5 个，二级区划长 185.8km。6 个水功能二级区分别是克孜河乌恰工业用水区、恰克马克河阿图什农业用水区、布古孜河乌恰阿图什农业用水区、盖孜河阿克陶农业用水区、库山河阿克陶农业用水区、托什干河阿合奇农业用水区。

表 9.2-2 克州水资源保护水功能二级区划表

水功能二级区名称	水功能一级区名称	河流湖库	范围		长度/km	水质代表断面	区划依据
			起始断面	终止断面			
克孜河乌恰工业用水区	克孜河乌恰开发利用区	克孜河	卡拉贝利	乌恰、疏附县界	16.7	乌恰、疏附县界	工业用水
恰克马克河阿图什农业用水区	恰克马克河阿图什开发利用区	恰克马克河	恰其嘎水文站	松塔克	29.1	松塔克	农业用水
布古孜河乌恰阿图什农业用水区	布古孜河乌恰阿图什开发利用区	布古孜河	阿俄站	托卡依水库	46	托卡依水库	农业用水
盖孜河阿克陶农业用水区	盖孜河阿克陶开发利用区	盖孜河	克勒克水文站	阿克陶、疏附县界	37.8	阿克陶、疏附县界	农业用水
库山河阿克陶农业用水区	库山河阿克陶开发利用区	库山河	沙曼	阿克陶灌区	36.4	阿克陶灌区	农业用水
托什干河阿合奇农业用水区	托什干河阿合奇开发利用区	托什干河	沙里桂兰克	阿合奇、乌什县界	18.8	阿合奇、乌什县界	农业用水

（2）水功能水质目标确定。根据克州各规划河段现状水功能及潜在功能，结合各功能区的现状水质和水质要求，及《克孜勒苏柯尔克孜自治州水污染防治工作方案》提出的到 2020 年托什干、克孜河、布古孜河、恰克马克河水质符合国家《地表水环境质量标准》（GB 3838—2002）中Ⅲ类标准的要求，并保证不低于现状功能的原则，确定规划河段内各水功能的水质类别。目标确定原则如下：

1）源头水保护区保持Ⅱ类水质标准，并控制水质使其不低于水质现状。

2）开发利用区保持现状水质，并控制使其不低于水质现状。

3）托什干河、克孜河、布古孜河、恰克马克河不低于Ⅲ类水质标准要求。

克孜河乌恰开发利用区、布古孜河乌恰阿图什开发利用区、恰克马克河阿图什开发利用区、库山河阿克陶开发利用区、盖孜河阿克陶开发利用区、托什干河阿合奇开发利用区现状年平均水质均为Ⅲ类；各河流源头水保护区水质均为Ⅱ类，应保证各区在全年各时段均控制在Ⅱ类或Ⅲ类水质标准。

克州主要河流各规划河段水质目标见表9.2－3。

表9.2－3 克州主要河流规划河段水质目标

功能区名称		代表河长/km	库容/亿 m³	水质目标/类	控制断面
一级功能区	二级功能区				
克孜河乌恰阿克陶源头水保护区		135		Ⅱ	卡拉贝利
克孜河乌恰开发利用区	克孜河乌恰工业用水区	16.7		Ⅲ	乌恰、疏附县界
恰克马克河乌恰源头水保护区		137		Ⅱ	恰其嘎水文站
恰克马克河阿图什开发利用区	恰克马克河阿图什农业用水区	29.1		Ⅲ	松塔克
布古孜河乌恰源头水保护区		65		Ⅱ	阿俄站
布古孜河乌恰阿图什开发利用区	布古孜河乌恰阿图什农业用水区	46	0.4	Ⅲ	托卡依水库
盖孜河阿克陶源头水保护区		177		Ⅱ	克勒克水文站
盖孜河阿克陶开发利用区	盖孜河阿克陶农业用水区	37.8		Ⅱ	阿克陶、疏附县界
库山河阿克陶源头水保护区		93		Ⅱ	沙曼
库山河阿克陶开发利用区	库山河阿克陶农业用水区	36.4		Ⅲ	阿克陶灌区
托什干河阿合奇源头水保护区		168		Ⅱ	沙里桂兰克
托什干河阿合奇开发利用区	托什干河阿合奇农业用水区	18.8		Ⅲ	阿合奇、乌什县界

9.2.2 水质现状与问题分析

（1）水质控制点水质分析。对规划区域内的6条河流，包括盖孜河、克孜河、布古孜河、恰克马克河、库山河、托什干河上的共计10个水质站点的pH值、溶解氧、高锰酸盐指数、五日生化需氧量、氨氮、石油类、六价铬、铅等水质指标的水质类别进行评价，结果见表9.2－4。各水质站点的上述18个水质指标均处于《地表水环境质量标准》（GB 3838—2002）中的Ⅰ～Ⅲ类，无超标水质指标和项目，各水质站水质级别除松塔克站为Ⅲ类外，其余站点均为Ⅱ类。

表9.2-4　规划范围内主要河流主要水质站点水质项目类别

序号	水质站点	所在河流	pH值	溶解氧	高锰酸盐指数	五日生化需氧量	化学需氧量	氨氮	磷	氟化物	硒	砷	汞	六价铬	铅	氰化物	挥发酚	阴离子表面活性剂	石油类	粪大肠杆菌	水质类别
1	三道桥	盖孜河	I	II	II	I	I	II	I	I	I	I	I	I	I	I	I	I	I	I	II
2	克勒克		I	II	II	I	I	I	I	I	I	I	I	I	I	I	I	I	I	I	II
3	斯木哈纳	克孜河	I	II	II	I	I	I	I	I	I	I	I	I	I	I	I	I	I	I	III
4	卡拉贝利		I	II	I	I	I	II	I	I	I	I	I	I	I	I	I	I	I	I	II
5	阿俄	布古孜河	I	II	I	I	I	I	I	I	I	I	I	I	I	I	I	I	I	I	II
6	恰其嘎	恰克马克河	I	II	II	I	I	I	I	I	I	I	I	I	I	I	I	I	I	I	III
7	松塔克		I	II	II	I	I	III	I	I	I	I	I	I	I	I	I	I	I	I	III
8	木华里闸口	库山河	I	II	II	I	I	II	I	I	I	I	I	I	I	I	I	I	I	I	II
9	沙曼		I	I	II	I	I	I	I	I	I	I	I	I	I	I	I	I	I	I	II
10	沙里桂兰克	托什干河	I	II	II	I	I	II	I	I	I	I	I	I	I	I	I	I	I	I	II

（2）水功能区水质现状评价。评价方法是以目标水质类别为标准，进行水功能区达标分析，即水功能区水质优于或达到该区水质类别为达标，劣于目标水质即为不达标。对 2015 年克州现有 12 个水功能区（一级、二级合并）进行水功能区达标率评价，评价指标选择 GB 3838—2002 中的基本项目，结果显示 12 个水功能区水质全部达标，达标率为 100%。克州主要水功能区水质状况现状评价见表 9.2-5。各主要河流源头区水质均达到Ⅱ类。

表 9.2-5　　克州主要水功能区水质状况现状评价表

功能区名称	水质代表断面	水质现状/类			水质目标	河 长		
		全年	汛期	非汛期		评价河长/km	达标河长/km	达标结果
克孜河乌恰阿克陶源头水保护区	卡拉贝利	Ⅱ	Ⅱ	Ⅱ	Ⅱ	135	135	达标
克孜河乌恰工业用水区	乌恰、疏附县界	Ⅲ	Ⅱ	Ⅲ	Ⅲ	16.7	16.7	达标
恰克马克河乌恰源头水保护区	恰其嘎水文站	Ⅱ	Ⅱ	Ⅱ	Ⅱ	137	137	达标
恰克马克河阿图什农业用水区	松他克	Ⅲ	Ⅲ	Ⅱ	Ⅲ	29.1	29.1	达标
布古孜河乌恰源头水保护区	阿俄站	Ⅱ	Ⅱ	Ⅱ	Ⅱ	65	65	达标
布古孜河乌恰阿图什农业用水区	托卡依水库	Ⅲ	Ⅱ	Ⅲ	Ⅲ	46	46	达标
盖孜河阿克陶源头水保护区	克勒克水文站	Ⅱ	Ⅱ	Ⅱ	Ⅱ	177	177	达标
盖孜河阿克陶农业用水区	阿克陶、疏附县界	Ⅲ	Ⅲ	Ⅱ	Ⅲ	37.8	37.8	达标
库山河阿克陶源头水保护区	沙曼	Ⅱ	Ⅱ	Ⅱ	Ⅱ	93	93	达标
库山河阿克陶农业用水区	阿克陶灌区	Ⅲ	Ⅲ	Ⅱ	Ⅲ	36.4	36.4	达标

功能区名称	水质代表断面	水质现状/类			水质目标	河 长		
		全年	汛期	非汛期		评价河长/km	达标河长/km	达标结果
托什干河阿合奇源头水保护区	沙里桂兰克	Ⅱ	Ⅱ	Ⅱ	Ⅱ	168	168	达标
托什干河阿合奇农业用水区	阿合奇、乌什县界	Ⅲ	Ⅲ	Ⅱ	Ⅲ	18.8	18.8	达标

总体上，克州主要河流水质保持优良状况，水质较好，源头区河流水质优于中下游河流水质，非汛期水质优于汛期水质。

（3）饮用水水源水质现状评价。对全州 29 个饮用水水源地水质现状进行评价（见表 9.2-6），地表水水源地水质均达到《地表水环境质量标准》（GB 3838—2002）中的Ⅲ类，地下水饮用水水源地水质均能达到《地下水质量标准》（GB/T 14848—2017）中的Ⅲ类，饮用水水源水质良好。

（4）地表水资源保护存在的主要问题。

1）工业污染防治水平不高。截至 2015 年年底，克州仍然存在国家明令淘汰的"十小"企业 2 家，均为制革企业。存在需要重点整治的"十大"重点行业企业 21 家，部分企业清洁化生产水平不高，污水排放方式不规范。

2）城镇生活污染。克州城镇生活污水处理能力不足，处理量大于处理能力，且污水处理厂处理工艺不够先进。目前已 8 个城镇生活污水处理厂，其中，有 4 个处理后直接用于灌溉荒漠植被和人工经济林，存在较大的环境风险；另外 4 个排入地表水体的城镇生活污水处理厂中，能够达标排放的污水处理厂仅有 1 个，达标排放率仅占 25%。

3）畜禽养殖。截至 2015 年年底，克州共计有水冲粪养殖方式养殖场数量 247 个，这些养殖场（小区）缺乏配套的污染防治设施，也基本未进行污粪的干湿分离（粪便与冲洗水分开），加之养殖场（小区）布置较为随意，基本不考虑对邻近水体的影响，从而导致畜禽养殖污染对水体水质的威胁较大。

表 9.2－6　克州主要水功能区水质状况现状评价表

序号	地　市	区　县	所属水系	水源地名称	水源地类型	服务人口/人	现状水质/类
1	克孜勒苏柯尔克孜族自治州	阿克陶县	塔什库尔干河	阿克陶县塔吉克乡克族乡地下水源地	地下水	3100	Ⅲ
2	克孜勒苏柯尔克孜族自治州	阿克陶县	盖孜河	阿克陶县托尔塔依农场地下水源地	地下水	4600	Ⅲ
3	克孜勒苏柯尔克孜族自治州	阿克陶县	库山河	阿克陶县巴仁乡地下水源地	地下水	20000	Ⅲ
4	克孜勒苏柯尔克孜族自治州	阿克陶县	盖孜河（伦勒河）	阿克陶县布伦口乡地下水源地	地下水	10000	Ⅲ
5	克孜勒苏柯尔克孜族自治州	阿克陶县	盖孜河	阿克陶县加马铁热乡地下水源地	地下水	10000	Ⅲ
6	克孜勒苏柯尔克孜族自治州	阿克陶县	盖孜河	阿克陶县原种场地下水源地	地下水	1500	Ⅲ
7	克孜勒苏柯尔克孜族自治州	阿克陶县	库山河	阿克陶县玉麦乡地下水源地	地下水	9060	Ⅲ
8	克孜勒苏柯尔克孜族自治州	阿克陶县	木吉河	阿克陶县木吉乡地下水源地	地下水	2200	Ⅲ
9	克孜勒苏柯尔克孜族自治州	阿克陶县	盖孜河	阿克陶县皮拉勒乡地下水源地	地下水	10000	Ⅲ
10	克孜勒苏柯尔克孜族自治州	阿克陶县	盖孜河	阿克陶县喀热热开其乡地下水源地	地下水	20000	Ⅲ
11	克孜勒苏柯尔克孜族自治州	阿克陶县	叶尔羌河	阿克陶县恰尔隆乡地表河流型水源地	地表水	5800	Ⅲ
12	克孜勒苏柯尔克孜族自治州	阿克陶县	库山河（依格孜牙河）	阿克陶县克孜勒陶乡地表河流型水源地	地表水	12000	Ⅲ
13	克孜勒苏柯尔克孜族自治州	阿克陶县	盖孜河（康阔勒河）	阿克陶县阿克塔拉牧场	地表水	4000	Ⅲ
14	克孜勒苏柯尔克孜族自治州	阿合奇县	托什干河	阿合奇县哈拉布拉克乡地下水源地	地下水	1600	Ⅲ

续表

序号	地市	区县	所属水系	水源地名称	水源地类型	服务人口/人	现状水质/类
15	克孜勒苏柯尔克孜族自治州	阿合奇县	托什干河	阿合奇县库兰萨日克乡地下水水源地	地下水	3300	Ⅲ
16	克孜勒苏柯尔克孜族自治州	阿合奇县	托什干河	阿合奇县苏木塔什乡地下水水源地	地下水	2800	Ⅲ
17	克孜勒苏柯尔克孜族自治州	阿合奇县	托什干河	阿合奇县良种繁育场乡地下水水源地	地下水	980	Ⅲ
18	克孜勒苏柯尔克孜族自治州	阿合奇县	托什干河	阿合奇县色帕巴依乡地下水水源地	地下水	360	Ⅲ
19	克孜勒苏柯尔克孜族自治州	乌恰县	恰克马克河	乌恰县巴音库鲁提乡地表河型水源地	地表水	4900	Ⅲ
20	克孜勒苏柯尔克孜族自治州	乌恰县	克孜勒苏河	乌恰县膘尔托阔依乡地表河流型水源地	地表水	10000	Ⅲ
21	克孜勒苏柯尔克孜族自治州	乌恰县	克孜勒苏河	乌恰县波斯坦铁列克乡地下水水源地	地下水	2600	Ⅲ
22	克孜勒苏柯尔克孜族自治州	乌恰县	克孜勒苏河	乌恰县吉根乡地表河流型水源地	地表水	3400	Ⅲ
23	克孜勒苏柯尔克孜族自治州	乌恰县	恰克马克河	乌恰县铁列克乡地下水水源地	地下水	5300	Ⅲ
24	克孜勒苏柯尔克孜族自治州	乌恰县	克孜勒苏河	乌恰县乌鲁克恰提乡地表河流型水源地	地表水	6400	Ⅲ
25	克孜勒苏柯尔克孜族自治州	乌恰县	恰克马克河	乌恰县托云乡地下水水源地	地下水	3970	Ⅲ
26	克孜勒苏柯尔克孜族自治州	乌恰县	克孜勒苏河	乌恰县吾合沙鲁乡地表河流型水源地	地表水	1600	Ⅲ
27	克孜勒苏柯尔克孜族自治州	阿图什市		阿图什市城区饮用水水源保护区	地下水	75000	Ⅲ

此外，养殖场（小区）污染治理程度不高，大多数仍然采用直接还田或自然堆积后还田的方式，容易导致微生物、有机物质随农业径流进入水体。

4）农业面源与农村生活。农村环境整治率不高，截至 2015 年年底，克州所辖的 234 个村庄中，有 78 个村庄开展了农村环境综合治理，整治率为 33.3%。

5）污废水资源化利用程度低。截至 2015 年，克州城镇污水处理污水设计处理能力为 46600t/d，但实际资源利用量很小，污水的资源化利用的空间很大，资源化利用率有待大幅度提高。

（5）水质变化趋势分析。采用季节性肯德尔检验模型对盖孜河、克孜河、布古孜河、恰克马克河、库山河、托什干河上共计 6 个水质站点的总磷、氨氮、溶解氧、化学需氧量、高锰酸盐指数、五日生化需氧量等指标的 10 年平均观测值（2006—2015 年）进行水质变化趋势分析，结果见表 9.2-7。可以看出，总磷、氨氮、化学需氧量多数呈现上升的趋势，氮趋势不显著；溶解氧、高锰酸盐指数、五日生化需氧量部分点位有上升趋势，但不显著；恰其嘎站点溶解氧、沙曼站点高锰酸盐指数有不显著下降的趋势。

表 9.2-7　克州主要河流水质站点水质季节性 Kendall
检验结果（2006—2015 年）

水质站点	指标	总磷	氨氮	溶解氧	COD_{Cr}	COD_{Mn}	BOD_5
克勒克	显著性水平 α	0.214	0.123	0.225 *	0.142	0.074 *	0.252
	水质序列趋势 τ	0.158	0.125	0.165	—	0.247	—
	检测结果	上升	上升	显著上升	—	显著上升	—
卡拉贝利	显著性水平 α	0.355	0.182	0.144	0.051 *	0.225	0.542
	水质序列趋势 τ	0.012	0.254	—	0.425	0.365	—
	检测结果	上升	上升	—	显著上升	上升	—
阿俄	显著性水平 α	0.045 *	0.146	0.254	0.762	0.273	0.458
	水质序列趋势 τ	0.514	0.333	—	0.145	—	0.111
	检测结果	显著上升	上升	—	上升	—	上升

续表

水质站点	指标	总磷	氨氮	溶解氧	COD_{Cr}	COD_{Mn}	BOD_5
恰其嘎	显著性水平 α	0287	0.010 *	0.647	0.014 *	0.246	0.642
	水质序列趋势 τ	0.144	0.023	−0.251	0.440	0.012	—
	检测结果	上升	显著上升	降低	显著上升	上升	
沙曼	显著性水平 α	0.256	0.09 *	0.568	0.851	1.00	0.211
	水质序列趋势 τ	—	0.514	—	0.125	−0.158	0.346
	检测结果		显著上升		上升	下降	上升
沙里桂兰克	显著性水平 α	0.448	0.393	0.084	0.029 *	0.182	0.219
	水质序列趋势 τ	—	0.135		−0.312		0.456
	检测结果		上升		显著下降		上升

注　当 $0.01>\alpha\leqslant0.1$ 时，* 表示显著；当 $\alpha\leqslant0.01$ 时，** 表示极显著。当 $\tau>0$ 时，水质序列呈上升趋势；当 $\tau<0$ 时，水质序列呈下降趋势；当 $\tau=0$，看不到变化趋势。

9.2.3　地表水资源保护对策措施

（1）地表饮用水水源地保护措施。强化饮用水水源环境保护。强化饮用水水源保护区环境应急管理，推进饮用水水源规范化建设，依法清理饮用水水源保护区内违法建筑和排污口。对日供水 1000t 或服务人口 10000 人以上集中式饮用水水源保护区的保护建设工程包括设置标志、建设界碑和护栏，搬迁水源地一级保护区内的居民和工农业生产活动，保证水源地水质安全。2025 年前完成供水人口在 1000 人以上的集中式饮用水水源保护区的保护建设工程。

规划期间重点实施乌恰县饮用水水源地环境保护工程、乌恰县康苏饮用水水源地环境保护工程、乌恰县库孜洪库饮用水水源地环境保护工程、阿图什市饮用水水源地保护工程、阿图什市水源地污染源整治工程、阿合奇县自来水公司污染源整治工程、克州饮用水水源地应急能力建设工程等饮用水水源地保护区规范化建设工程。

加大农村饮水安全工程建设，重点开展阿合奇县哈拉布拉克乡麦尔开其村饮水安全工程、阿合奇县苏木塔什乡克孜宫拜孜村饮水安全工程、阿合奇县哈拉布拉克乡哈拉布拉克村饮水安全工程、阿合奇县色帕巴依乡马坦村饮水安全工程建设。

（2）工业污染防治对策。取缔阿图什市克孜勒苏新蓉皮革有限公司、克州盛邦皮革有限责任公司两个不符合国家产业政策的"十小"企业。

进一步对阿图什市绿洲果业服务有限公司、新疆盐业阿图什市盐业有限公司、阿图什建宝选矿有限公司、克州友谊羊绒实业有限公司、乌恰县富鑫精密铸造铸件有限公司实施清洁化改造。阿图什建宝选矿有限公司、乌恰县富鑫精密铸造铸件有限公司完成高效去除含铅、锌、铜、镉、汞、砷等废水的深度处理技术。

集中治理工业区水污染，新建、升级工业园区应同步规划、建设污水、垃圾集中处理等污染治理设施。重点建设乌恰县城东工业园区污水处理厂、阿克陶县工业园区污水处理厂及管网建设、阿图什市工业园区污水处理厂等工程。所有工业园区应按规定建成污水集中处理设施并安装自动在线监控装置。

水平年内新建工业企业的中水利用率必须达到 50% 以上。

（3）城镇生活污水防治对策。加强城镇污水处理设施建设与改造，克孜勒苏河、盖孜河、托什干河流域敏感区域城镇污水处理设施全面提高至一级 B 排放标准。新扩建城镇污水处理设施要执行一级 A 排放标准。对阿图什市康泉供排水有限责任公司污水处理厂、阿图什市康泉供排水有限责任公司、阿克陶县自来水公司、阿合奇县自来水公司（污水处理厂）进行提标改造。所有污水处理厂处理废水均加以回用，用于市政及绿化用水。

重点实施乌恰县城镇污水处理厂、阿克陶县污水处理厂、乌恰县康苏污水处理厂、阿图什市污水处理厂改扩建项目，新增城镇污水处理能力 4.99 万 m^3/d。全州所有县城和重点镇具备污水收集处理能力，县城、城市污水处理率分别达到 80%、90% 左右。

全面加强配套管网建设，到 2025 年，全州新增城镇污水管网 133km 以上（其中，阿图什市 35km、阿克陶县 56km、阿合奇县 18km、乌恰县 24km），全州城市建成区基本实现城镇截污纳管全覆盖，城镇污水处理厂运行负荷率提高至 75％以上，城镇污水处理目标 80％以上（其中，阿图什市 90％、阿克陶县 80％、阿合奇县 80％、乌恰县 80％）。

（4）农业农村面源污染防治对策。加快农村环境综合整治。规划期间，全州新增完成环境综合整治的建制村 100 个，经整治的村庄生活污水处理率不小于 60％。全州测土配方施肥技术推广覆盖率达到 83.25％（其中，阿图什市 85％、阿克陶县 90％、阿合奇县 68％、乌恰县 90％），农作物肥料利用率达到 33.31％，农作物病虫害统防统治覆盖率达到 75％（其中，阿图什市 80％、阿克陶县 70％、阿合奇县 75％、乌恰县 75％）。

（5）生活垃圾污染防治对策。克州城市生活垃圾已经能够全部实现无害化收集和处理，需进一步禁止垃圾堆放和填埋，垃圾填埋场等区域应进行必要的防渗处理。

同时，推进污水处理污泥处置，建立污泥从产生、运输、储存、处置全过程监管体系，2016 年年底前，开展污泥处理处置现状情况调查与评估，禁止处理处置不达标的污泥进入耕地，取缔非法污泥堆放点。以 2017 年年底前基本完成现有城镇污水处理厂污泥处置设施达标改造，阿图什市污泥无害化处理处置率应于 2020 年年底前达到 90％以上。

以治理农村生活垃圾为重点，深化"以奖促治"政策，分年度实施农村清洁工程，推进农村环境综合整治。克州现有建制村 243 个，完成环境综合整治的建制村有 76 个，仅占 31.28％，力争到 2020 年，新增完成环境综合整治的建制村 100 个，经整治的村庄生活垃圾"户集、村收、乡（镇）运、县处理"体系全覆盖，并积极开展农村生活垃圾分质分类处理。

（6）畜禽养殖污染防治对策。完成克州内各县（市）畜禽养殖禁养区和限养区的划定。根据污染防治需要，对全州现有 246 个（乌恰县 66 个、阿克陶县 44 个、阿合奇县 16 个、阿图什市 120 个）规模化畜禽养殖场（小区），配套建设粪便污水储存、处理、利用设施，改进设施养殖工艺，完善技术装备条件。新建、改建、扩建规模化畜禽养殖场（小区）要实施雨污分流、粪便污水资源化利用。

（7）加强水质监测。水环境监测是水资源保护的前期工作，是水资源管理决策的科学基础。只有准确掌握水质数据，才能进一步开展水资源综合开发利用、控制和治理水污染等工作。加强水环境监测主要是加强水环境监测站网建设和监测机构监测能力建设。水环境监测站网建设水环境监测站网要覆盖所有水功能区、主要河流、重点水库以及水源地。

1）水质监测站网及监测现状。克州水文水资源勘测局、喀什水文水资源勘测局、阿克苏水文水资源勘测局从20世纪80年代初开始在克州开展了水质监测工作，大部分站点都与水文站结合，基本上控制了河流中上游的水质水量情况，能反映大部分河流源头水保护区和部分开发利用区的水质状况。但河流下游尤其是灌区和城市河段水质站点很少，一些重要的水功能区河段或水质已受到污染的河段尚未设水质站。因此必须在现有站网的基础上，增设部分相应的水质站，以满足水功能区管理和流域水资源保护规划的需要。

目前流域内设有水质站点14处，现有水质站点的监测项目根据《水环境监测规范》（SL 219—2013）要求选择，包括必测项目和部分选测项目，见表9.2-8。

表9.2-8　　　　　克州河流水质监测项目表

必 测 项 目	选 测 项 目
水温、pH值、悬浮物、总硬度、电导率、溶解氧、高锰酸盐指数、五日生化需氧量、氨氮硝酸盐氮、亚硝酸盐氮挥发酚、氰化物、氟化物、硫酸盐、氯化物、六价铬、总汞、总砷、镉、铅、铜、大肠菌群	硫化物、矿化度、非离子氨、凯氏氮、总磷、化学需氧量、溶解性铁、总锰、总锌、硒、石油类、阴离子表面活性剂、总有机碳等

2）站点设置技术要求。水质监测站按设站目的与作用分为基本站和专用站两大类。基本站是为水资源开发、利用与保护提供水质、水量基本资料，并与水文站结合统一规划设置的站。基本站的设置应满足流域整体水资源质量评价和开发利用与保护的基本要求，其站点和断面应保持相对稳定。专用站是为某种特定目的而设置的站，分为取、退水口专用站，入河排污口及支流口专用站等。

站点设置的具体技术要求如下。

a. 各类水质站点的设置应符合《水环境监测规范》（SL 219—2013）的要求。

b. 在设置水质监测站时应尽量靠近已有水文站，以便获得相应的水量资料，计算污染物量。

c. 支流口、入河排污口站点（断面）设置要避开死水区及回水区。

d. 各功能区水质监测站点设置应根据水功能区划结果设置，应能反映功能区的水质状况。

3）水质监测站网规划方案。克州水质监测站网规划的范围为：恰克马克河、托什干河、布古孜河、克孜河、艾格孜牙河、库山河、喀拉库里河、盖孜河和维他克河等 9 条河流在克州境内的主要水功能区、城市河段、支流口等。

根据克州地区水资源开发、利用、管理与保护对水资源质量评价的需求，结合水功能区划和水资源保护规划的要求，在现有水质监测站网的基础上，补充调整部分水质站点，使之具有较强的代表性和控制性，加强水功能区代表断面的设置，为功能区水质规划目标的实施、入河污染物总量控制提供科学依据。

为此，需要统一规划设置监测断面（点位），推进水资源实时监控体系建设、地下水动态监测网络体系建设，共享环保、水利、国土、住建等部门地理坐标、水质、水量数据。加强公共财力保障，加大州级、县（市）级环境监管能力支持力度，提升饮用水水源水质全指标监测、水生生物监测、地下水环境监测、化学物质监测及环境风险防控技术支撑能力，逐步开展农村集中式饮用水源地水质监测。到 2020 年，基本建立常规监测、移动监测、动态预警监测三位一体的水环境质量监测网络，建成区控取水监控体系、水功能区监控体系、主要断面监控体系。

9.3 河流水生态保护与修复

长期以来，由于人为干扰较为强烈，在经济建设中不够重视保护生态环境，对水资源、土地资源和草场资源等自然资源的过度开发利用和消耗，生态环境出现了一系列的问题。按照河道生态环境需水与用水的要求，合理配置水资源保障生态环境用水，提高河流水体对水生态的保护和水体的自然净化能力，是实现人水和谐和水资源可持续利用的必然要求。

目前，克州各主要河流均面临着水资源日益短缺的问题，水供需矛盾也将随之日益突出。在今后的水资源利用与调控过程中，首先应保障河道生态流量，以确保河流水生态的保护与维系。

9.3.1 河流生态环境需水分析

保障河道内关键断面生态基流，是维系河流水生态的重要途径，也是河道下泄生态流量的基准。为此，对克州主要河流的23个断面进行生态基流计算。以各断面对应水文站点的1976—2015年水文系列资料作为计算基础，且径流量原则上采用经过还原后的天然径流量，参照《河湖生态环境需水计算规范》（SL/Z 712—2014）中的水文学方法估算断面生态基流。克州主要河流各控制断面生态基流见表9.3-1。

表9.3-1　　　　克州主要河流控制断面生态基流表

序号	河流	断面	生态基流/(m³/s)
1	布古孜河	阿俄	1.75
2	盖孜河	塔什米里克水管站	7.71
3	克孜河	卡拉贝利	14.73
4	克孜河	吾合沙鲁引水断面	12.50
5	托什干河	沙里桂兰克	8.42
6	恰克马克河	恰克马克渠首	1.25
7	康苏河	青年渠渠首	0.27
8	库山河	沙曼	5.00
9	铁列克河（布古孜河）	铁列克水库	0.44
10	叶尔羌河上游	塔尔乡1号引水口	4.12
11	叶尔羌河	恰尔隆乡引水口	0.23

续表

序号	河流	断面	生态基流/(m³/s)
12	叶尔羌河	库斯拉甫乡 1 号取水口	0.34
13	咯拉铁热克苏河（克孜河上游支流）	吉根乡	0.63
14	乌鲁阿特河	阿克塔什渠首	0.93
15	乌如克河上游	东城引水工程	0.45
16	乌如克河	乔诺水库	0.54
17	库孜滚河	开普太希水库	0.33
18	黑孜泉河	克孜勒塔克	0.76
19	库古热河	库古热河出山口	0.12
20	库鲁木都克河	库鲁木都克河出山口	0.18
21	臕尔托阔以河	玛依喀克尔渠首	1.06

9.3.2 水生态与环境保护措施

（1）保障河道生态环境需水。对已建的水利水电枢纽，特别是引水式水电站，要求枯水期下泄多年平均流量10%生态流量、丰水期下泄多年平均流量20%生态流量。加强新建工程的生态需水保护措施，强化生态调度与监管，保障下游生态环境用水要求，满足下游河段鱼类产卵场等敏感区域的需水要求。

（2）维持河流连通性。在各主要河流源头区不应建设影响鱼类洄游通道和产卵场的水利设施，保证水生生物有足够的生存空间和天然生境，保障河段水生生境的连通性，为鱼类下行和上溯产卵提供通道；对已建水工程严重影响河流连通性的主要支流，应积极采取恢复或补救措施。

（3）开展生境保护与建设。严格控制重要水生生物栖息地的治理和开发活动，在堤防建设、岸线利用工程中积极采取生态措施。加强河流生态建设，在河道两侧建设植被缓冲带和隔离带，在水系源头和大中型水库周围的建设生态公益林；实施湿地植被恢复及栖息地恢复等湿地恢复工程，重点实施阿合奇县阿合奇镇小流域治理（二期）工程、布古孜河生态修复工程、克孜勒苏河流域生态保护等工程，恢复受损湿地生态系统功能。针对由水工程建设引起的下泄水温度降低、气体过饱和以及水流减缓导致河流自净能力下降等问题，应采取设置分层取水口、优化泄水建筑物运用及生态调度等相关措施。

9.4　地下水资源保护

9.4.1　地下水资源保护面临的主要问题

全州地下水资源较丰富，动储量 7.13 亿 m^3，可开采地下水资源为 2.58 亿 m^3，目已开采利用地下水仅有 0.90 亿 m^3。地下水具有分布广，水量稳定，受气候影响小、水质优良等特点，在水资源开发利用中占有重要地位。

9.4.2　地下水资源保护对策

（1）严格控制地下水超采。严格控制开采深层承压水，矿泉水开发应严格实行取水许可和采矿许可。克州现无地下水超采区，按照地下水可持续利用的要求，实行地下水开采量与水位双控制，编制完成《克州地下水利用与保护规划报告》，严格划定地下水禁采区、限采区。

依法规范机井建设管理，排查登记已建机井。未来针对超采区禁止农业新增取用地下水，未经批准的和公共供水管网覆盖范围内的自备水井，予以逐步关闭。

未来针对超采区和可能发生超采地下水的区域，提出"零"打井等严格的控制地下水开采要求，上收审批权限，采取以水定电、以电控水的"井电双控"机制，严格控制地下水资源使用。大力发展高效节水，加强水源置换，合理配置地表地下水，减少地下水开采规模，逐步实现地下水采补平衡。

（2）建立地下水源保护区，有效降低地下水水质污染。对已建和规划建设的地下水水源地，应采取保护措施，防止地下水水源污染，破坏供水安全。克州地下水源均建设在灌区内，集中成片，主要供农业用水。在这些地下水水源地应建设地下水保护区，在此范围内一般不再新建工业项目，以防地下水源遭受工业污染。保护区内尽量减少面源污染，工业废污水应循环利用，必须达标排放；对于农业要尽量少施化肥，科学施肥，生畜圈养，有利于保护地下水水资源。

结合本区的实际情况科学合理的使用地下水，将传统粗放的大水漫灌方式摒弃，采用高效节水的喷滴灌方式。科学地施用农药化肥，最大限度减少其对地下水的污染，加强灌溉污水处理率，完善农业污排设施。摸清灌区的土壤特性、潜水埋深和其分布面积，作物发育生长阶段的需水量，并做出相应技术指导和规划管理。

（3）加强监测、监管力度，合理利用地下水。建立和健全地下水动态监测网，统一规划设置监测断面（点位），推进水资源实时监控体系建设、地下水动态监测网络体系建设，共享环保、水利、国土、住房和城乡建设等部门水质、水量监测数据。提升地下水饮用水水源水质全指标监测、地下水环境监测及环境风险防控技术支撑能力。进行地下水情的预测预报，以指导地下水合理开发利用，及时发现和防治由于地下水开采而引起的地质环境和生态环境的变化。

9.5　重点项目与投资

根据克州水资源与水生态保护的措施，实施了 18 项重点工程（表 9.5-1），包括污染源治理、流域生态修复、饮用水水源地规范化建设及水质监测能力建设等方面，共计投资 65003.1万元。

表 9.5－1　　　　　克州水资源保护重点工程表

序号	项目名称	项目建设规模与内容	批复项目总投资/万元	建设年份
1	乌恰县城镇污水处理厂	新建污水处理厂 1 座，1 万 m³/d，出水水质达到一级 B 标准排放	4384.6	2017
2	乌恰县城东工业园区污水处理厂	新建污水处理厂 1 座，5000m³/d，出水水质达到一级 B 标准排放	2416.8	2016
3	乌恰县康苏污水处理厂	新建污水处理厂 1 座，5000m³/d，出水水质达到一级 B 标准排放	2416.1	2017
4	阿克陶县污水处理厂	设计规模近期（2020 年）处理能力 15000m³/d、远期（2030 年）处理能力 25000m³/d；出水水质达到一级 B 标准排放	7868.0	2017
5	阿克陶县工业园区污水处理厂及管网建设	近期设计规模为 5000m³/d，远期设计规模为 10000m³/d，出水水质达到一级 B 标准排放	1800.0	2017
6	阿图什市工业园区污水处理厂	总规模为处理能力 5000m³/d，出水水质达到一级 A 标准	2479.8	2014—2016
7	阿图什市污水处理厂改扩建项目	总规模为处理能力 20000m³/d，出水水质达到一级 A 标准	5000.0	2016—2017
8	阿合奇县阿合奇镇小流域治理（二期）工程	修建防护堤 2.14km，防洪标准采用 30 年一遇，对应洪峰流量 1314m³/s，堤防工程级别为 3 级。工程等别为Ⅳ小（1）型	1992.8	2016
9	博古孜河生态修复工程	对布古孜河 25km 河岸进行生态修复，构建河岸缓冲带	6745.0	2017
10	克孜勒苏河流域生态保护工程	对 800 亩河岸生态林修复和保护，长度 100km	2000	2018

续表

序号	项目名称	项目建设规模与内容	批复项目总投资/万元	建设年份
11	乌恰县饮用水水源地环境保护工程	一级保护区钢丝护栏15300m,监控室,监控设备,报警器	400.0	2017
12	乌恰县康苏饮用水水源地环境保护工程	一级保护区钢丝护栏15301m,监控室,监控设备,报警器	400.0	2017
13	乌恰县库孜洪库饮用水源地环境保护工程	一级保护区钢丝护栏5km、5km河道混凝土护砌筑河床、覆石工程	4000.0	2017
14	阿图什市饮用水水源地保护工程	一级保护区钢丝护栏15301m,监控室,监控设备,报警器	8500.0	2017
15	阿图什市水源地污染源整治工程	逐步退出一级保护区内取水井周围有耕地约3000亩	2500	2018
16	阿合奇县自来水公司污染源整治工程	拆除水源地一级保护区违章建筑、迁出加油站	8500	2018
17	克州饮用水水源地应急能力建设工程	建设备用/应急水源,应急预案与预案定期修改制度及应急演练,应对重大突发污染事故的物资和技术储备,应急防护工程设施和应急监测能力	2800	2018
18	克州水质监测站网	新增监测站点4个。其中,专用站3个,调查站1个。各监测站点监测断面需设置站点标志,并修建便于采样的基本设施	800	2017—2019
合计			65003.1	

第 10 章

应 用 与 效 果 评 价

　　克州水资源开发利用格局已经初步形成，各水源开发利用已具一定规模。形成了以农业、工业、生活为供水对象的供水系统，主要包括地表水源工程、输水工程及地下水源工程。水平年统筹考虑水资源的开发、利用、配置、节约和保护，提出克州水资源开发利用与节约保护的总体布局和拟建的水资源开发利用与节约保护的工程措施安排意见。

　　水平年工业、生活用水增加较快，农业采取增加高效节水面积和退地措施后，需水量有较大幅度的降低，但仍然占主导地位。在充分利用现有水利工程的基础上，在河流上游修建山区水库，建设工业、生活供水工程，提高供水保证率，灌区加大续建配套力度，提高水的利用率。规划在库山河建设库尔干水库、在克孜河上建设卡拉贝利水库（在建）、在康苏河上建设康苏水库（在建），在乌如克河上建设乔诺水库、在铁列克河上建设铁列克水库、在恰克马克河上建设托帕水库、在托什干河上建设奥依昂额孜水库、在克孜河建设玛尔坎恰提水库；建设乌恰县东城引水工程、建设自开普太希水库和康苏水库取水向乌恰工业园的供水工程、建设阿图什工业园供水工程解决新增工业、生活用水需求；灌区主要干、支渠工程和田间渠道工程加大防渗力度，田间实施土地平整治理工程和节水改造工程，低产田改造工程等。通过上述工程的实施，形成克州水资源开发利用的工程总体布局。

10.1 蓄水工程

根据供水预测和水资源合理配置确定的供水目标、任务和要求以及不同地区的水资源条件，考虑技术经济因素、对生态环境的影响、不同水质的用水要求和利用其他水源的可行性等，在充分发挥现有工程效益的基础上，规划新的蓄水工程项目；根据总体布局，制定合理的水资源开发利用模式、步骤、规模、方案；制定通过开源增加供水的实施方案；研究相配套的投融资体制、建设和管理体制、运营机制。

（1）新建蓄水工程实施方案。水平年，克州共规划建设水库工程7座，分别为克孜河卡拉贝利水库枢纽（在建）、库山河库尔干水库、恰克马克河托帕水库（在建）、托什干河奥依昂额孜水利枢纽、乌如克河乔诺水库、铁列克河上铁列克水库、克孜河玛尔坎恰提水库。

1）卡拉贝利水库枢纽工程（在建）。在建的卡拉贝利水库枢纽工程位于乌恰县境内克孜河上，距喀什市165km，距乌恰县城直线距离70km，距阿图什市204km。该工程是一项具有防洪、灌溉兼顾发电等综合利用的大型水利枢纽工程，坝址断面多年平均径流量为21.43亿 m³。水库有较大的调节库容，坝后电站装机容量为70MW，年发电量可达2.61亿 kW·h。最大坝高92.5m，坝顶长度1364m，总库容为2.62亿 m³，水库正常蓄水位为1770.00m，死库容0.49亿 m³，水库死水位1735.00m，大坝为混凝土面板砂砾石坝。水库建成后，将改善水库下游已建喀什3个梯级水电站（装机54.9MW）的保证出力，增加发电量。水库春季可调节水量，增加下游农业灌溉供水量，水库总投资153000万元。

2）库尔干水库工程。规划建设库尔干水库，水库位于阿克陶县境内库山河中游，距阿克陶县65km，在沙曼水文站上游14km，该水库是库山河上控制性水利工程，是以防洪、灌溉为主的水利枢纽工程，坝址断面多年平均径流量为6.35亿 m³。水库规划库容为

10500 万 m³。水库建成后将解决库山河防洪问题，提高阿克陶县、英吉沙县和疏勒县库山河灌区农业灌溉用水保证率，解决"春旱"问题。工程规划投资 210000 万元。

3）托帕水库工程（在建）。在建的托帕水库位于乌恰县托云乡恰克马克村恰克马克河中上游，在恰克马克河与其主要支流托云河交汇处，距阿图什市 100km，距乌恰县 85km，该水库调节库容为 2514 万 m³，坝址断面多年平均径流量 2.01 亿 m³。水库建成后，将提高下游阿图什市上阿图什乡和阿扎克乡 12 万亩农田灌溉和喀什地区疏附县 3 万亩农田灌溉保证率。水库工程规划投资 110000 万元。

4）奥依昂额孜水利枢纽工程。规划建设的奥依昂额孜水利枢纽工程，位于阿合奇境内的托什干河中上游，距阿合奇县 60km，该工程承担灌溉任务，提高下游灌溉保证率，水库调节库容为 50000 万 m³，坝址断面多年平均径流量为 18.91 亿 m³。水库可改善两地州现有灌溉面积，向塔里木河下游生态供水，工程规划总投资 420000 万元。

5）乔诺水库工程。乔诺水库工程位于乌恰县境内的乌如克河上，距乌恰县县城 65km，距阿图什市 92km。该水库是乌如克河上控制性水利工程，坝址断面多年平均流量为 1.85m³/s，多年平均年径流量为 0.58 亿 m³，水库总库容为 1582 万 m³，其中水库兴利库容 582 万 m³，考虑 50 年泥沙淤积后水库死库容为 1000 万 m³。该水库是阿图什市工业及城市供水调节水源工程，工程建成后，每年可向阿图什市城市及工业供水 1600 万 m³，设计保证率达到 95％。工程总投资 40563 万元。

6）铁列克水库工程。铁列克水库位于乌恰县铁列克乡，该水库是铁列克沟上的一座小型制性水库，水库兴利库容为 763 万 m³，承担灌溉任务，坝址断面多年评价径流量 0.23 亿 m³。水库控制灌溉面积 2.77 万亩，投资 30000 万元。

7）玛尔坎恰提水库。玛尔坎恰提水库位于乌恰县克孜河上游，水库兴利库容 5.52 亿 m³，该水库承担发电任务，坝址断面多年平均径流量 0.36 亿 m³。工程总投资 301100 万元。

克州规划山区水库工程实施方案见表 10.1-1。

表 10.1-1　克州规划山区水库工程实施方案汇总表

编号	水库名称	所在		建设年份	总库容/万 m³	水库任务	供水范围	主要用户	总投资/万元
		四级区	行政区						
1	卡拉贝利	克孜河	乌恰县	2015（在建）	26200	防洪、灌溉	乌恰县	防洪、农业	153000
2	托帕	恰克马克河	阿图什市	2017（在建）	6099	灌溉	阿图什市、疏附县	农业	110000
3	库尔干	库山河	阿克陶县	2025	12089	灌溉	阿克陶县、英吉沙县、疏勒县	农业	210000
4	奥依昂额孜水利枢纽	托什干河	阿合奇县	2025	71700	灌溉、防洪	喀什	农业	420000
5	乔诺	乌如克河	乌恰县	2035	1582	供水	阿图什市	工业	40563
6	铁列克	铁列克河	阿图什市	2025	959	灌溉	阿图什市	农业	30000
7	玛尔坎恰提	克孜河	乌恰县	2035	55200	发电			301100

（2）水库除险加固工程。现状基准年，克州的水库多为中小型平原水库，多建设于 20 世纪 50—60 年代。由于当年施工质量和年久失修，带病运行多年，已经不能够发挥其作用，达不到设计供水能力，近年来陆续对一部分平原水库进行了除险加固工作，近期还需进行除险加固的水库有阿湖水库、托卡依水库、库木鲁克水库。

1）阿湖水库除险加固工程。阿湖水库位于阿图什市境内布古孜河出山口，距阿图什市 17km，是阿图什市重要水利工程之一。阿湖水库修建于 20 世纪 80 年代初，由拦河坝、放水洞、溢洪道等组成。设计库容总容为 4000 万 m³，其中防洪库容为 2000 万 m³，兴利库容为 2500 万 m³。阿湖水库除险加固工程主要包括溢洪道扩建主体工程、新建大坝混凝土防汛道路、更换启闭机及电气线路等。计划投资 5000 万元。

2）托卡依水库除险加固工程。托卡依水库位于布古孜河流域，水库于 1970 年完工投入运行，需对水库大坝加高、加固，修建溢洪道。水库除险加固后兴利库容为 3486 万 m^3。总投资 16380 万元。

3）库木鲁克水库除险加固工程。库木鲁克水库位于恰克马克河流域，需对库盘进行防渗处理。总投资 700 万元。

克州水库工程除险加固规划实施方案见表 10.1-2。

表 10.1-2　　克州水库工程除险加固规划实施方案

| 编号 | 水库名称 | 所在地 | | 建设年份 | 总库容/万 m^3 | 兴利库容/万 m^3 | 水库任务 | 供水范围 | 主要用户 | 总投资/万元 |
		四级区	行政区							
1	阿湖	布古孜河	阿图什市	2025	4000	2500	防洪、灌溉	阿图什市	防洪、农业灌溉	5000
2	托卡依水库	布古孜河	阿图什市	2025	6000	3486	灌溉	阿图什市	农业灌溉	16380
3	库木鲁克水库	恰克马克河	阿图什市	2025	100	50	灌溉	阿图什市	农业灌溉	700

10.2　引水工程

根据克州河流供水情况，共规划 8 处引水工程，分别是乌如克河乔诺水库至克州工业园区调水工程、阿湖水库至托格拉克水库引水工程、谢依提水库至阿其布拉克引水工程、米拉斯库里水库至克州工业园区引水工程、康苏至乌恰县引水工程，乌如克引水工程，阿克引水工程，阿克陶县玉麦乡抗旱应急水源连通工程，工程总投资 70000 万元。

（1）乌如克河乔诺水库至克州工业园区调水工程，位于乌如克河乌恰县乔诺村，水源地为乔诺水库，由取水建筑物、输水管道全长 51.155km、麻扎尔塔格调节水库、末端调节水池等 4 部分组成，向阿图什工业园区供水 1800 万 m^3/a，受益人口

10 万人。

（2）阿湖水库至托格拉克水库引水工程，水源地为阿湖水库，位于布古孜河中上游，修建防渗渠 25km，设计流量 5m³/s，配套渠系建筑物 50 座，改善灌溉面积 1 万亩，受益人口 2 万人。

（3）谢依提水库至阿其布拉克引水工程，水源地为谢依提水库，位于哈拉峻乡谢依提村，取水口 1 座，防渗渠 1.1km，涵管 1.75km（直径 800mm），闸阀井 2 座，改善灌溉面积 1 万亩，受益人口 0.25 万人。

（4）米拉斯库里水库至克州工业园区引水工程，水源地为米拉斯库里水库，位于上阿图什镇，工程规模为小型，取水口 1 座，防渗渠 10km，涵管 2km（直径 800mm），闸阀井 4 座，平均供水量 30 万 m³，保证工业园区用水、乡镇灌区 6 万亩灌溉用水，受益人口 3 万人。

（5）抗旱应急备用水源，阿克陶县玉麦乡抗旱应急水源连通工程（第二期），位于玉麦乡，渠长 12.7km，流量 3m³/s，水闸 6 座，桥 4 座，受益人口 0.12 万人，改善灌溉面积 1.2 万亩。

（6）康苏至乌恰县引水工程，引水渠 30km，引水能力 4m³/s。

（7）乌如克引水工程，蓄水池 1 座，引水管道 20km，引水能力 1m³/s，改善灌溉面积 2 万亩，受益人口 0.58 万人。

（8）阿克引水工程，蓄水池 1 座，减压池 5 座，引水管道 20km，引水能力 0.03m³/s，改善灌溉面积 1 万亩，受益人口 0.25 万人。

10.3 灌区工程

（1）大中型灌区续建配套与改造。大型灌区续建配套与节水改造工程改善灌溉面积 46.3 万亩，完成防渗渠道长度干渠 88km，支渠 194.8km，渠系配套建筑物 600 座，总投资 46300 万元。规划中型灌区续建配套与节水改造工程改善灌溉面积 21.34 万亩。完成渠道长度干渠 13km，支渠 692km，渠系配套建筑物 335 座，总投资

21342 万元。

（2）农田高效节水灌溉工程。根据《克州用水总量控制方案》，克州近期较现状新增高效节水面积 68.9 万亩，主要为管道灌和滴灌，其中阿克陶县新增 37.4 万亩，乌恰县新增 4.6 万亩，阿图什市新增 22.2 万亩，阿合奇县新增 4.7 万亩，总投资50500 万元。

克州远期较近期新增高效节水面积 4.93 万亩，其中阿克陶县不增加，乌恰县不增加，阿图什市新增 1.19 万亩，阿合奇县新增3.74 万亩，总投资 3600 万元。

10.4　地下水工程

根据《克州用水总量控制方案》，克州地下水开采量呈逐年递减趋势，水平年不需新增机井数量，只需对现有机井配套，需维修改造机井共 831 眼。对阿图什市 216 眼机井进行维修改造，电路改造200km，安装智能计量设施 216 套；对乌恰县 60 眼机电井维修改造，电路改造 50km，安装智能计量设施 60 套；对阿合奇县 2 眼机电井维修改造，电路改造 30km，安装智能计量设施 2 套，对阿克陶县 553 眼机电井维修改造，电路改造 300km，安装智能计量设施553 套。该工程估算投资 18250 万元。

10.5　水资源保护措施

（1）城镇污废水处理工程。截至 2015 年年底，克州城市污水处理厂设计日处理能力 4.46 万 t，水平年，根据自治区城镇污水处理及再利用措施建设方案和水资源利用规划预测，新增污水处理能力为 6.5 万 t/d，远期新增污水处理厂规模为 3.5 万 t/d。

（2）水质监测网规划。克州水文水资源勘测局、喀什水文水资源勘测局、阿克苏水文水资源勘测局从 20 世纪 80 年代初开始在克孜勒苏自治州开展了水质监测工作，大部分站点都与水文站结合，基本上控制了河流中上游的水质水量情况，能反映大部分河流源头水保护区和部分开发利用区的水质状况。但河流下游尤其是灌区和城市河段水质站点很少，一些重要的水功能区河段或水质已受到污染的河段尚未设水质站。因此须在现有站网的基础上，增设部分相应的水质站，满足水功能区管理和流域水资源保护的需要。

本次水质监测站网规划方案共规划站点 18 个。其中，原设站 14 个，新设站 4 个；基本站 11 个，专用站 6 个，调查站 1 个。

（3）水资源保护其他措施规划。水资源保护其他措施主有非工程措施、信息系统建设等。非工程措施主要包括水资源保护管理办法、规定、细则等编制，各规划水平年计划总投资 33 万元，2020 年投资 23 万元。信息系统建设总投资 160 万元，其中，2020 年和 2030 年各投资 50 万元。

10.6　水资源管理

规划建设控制性工程的监测和控制系统、地下水水情、入河污染物的监测系统 103 套，估算投资 30000 万元。

10.7　水资源开发利用与保护规划实施方案汇总

克州水资源开发利用与保护工程措施实施方案，克州总投资 117.9075 亿元，其中近期 2025 年投资 110.4905 亿元，远期 2035 年投资 7.417 亿元，详见表 10.7－1。

表 10.7－1　　　克州水平年水利工程投资汇总表

项　　目	2025 年投资/万元	比例/％	2035 年投资/万元	比例/％
蓄水工程	812000	73.50	40000	53.90
除险加固	22080	2.00		
引水工程	70000	6.30		
灌区工程	96800	8.80	24942	33.60

续表

项　目	2025 年投资/万元	比例/%	2035 年投资/万元	比例/%
地下水工程	18250	1.70		
水资源保护	55775	5.00	9228	12.40
水资源管理	30000	2.70		
合计	1104905	100.00	74170	100.00

第 11 章

水资源管理问题及对策研究

11.1　水资源管理现状及存在问题

11.1.1　克州水资源管理现状

目前，克州用水由克州水利局统一调度管理。克州水利局为正处级单位，主要负责克州范围内的水资源管理，下设防洪办、改水办、质监站、水政科、办公室、农水科、水管站等管理部门，规划范围内有阿图什市水利局、阿克陶县水利局、乌恰县水利局、阿合奇县水利局。各级水资源管理队伍，对促进水资源的合理利用、发挥水利工程的作用与效益、防洪减灾等起到了应有的作用。

11.1.2　克州水资源管理存在问题

（1）管理粗放，水资源利用率低。克州水利工程投入一直不足，尤其是对流域水资源配置起关键作用的重大水利工程建设进展缓慢，加之水利设施不配套，水资源管理手段比较落后，水管单位普遍缺乏现代化的监测、控制和通信设备。目前的管理手段和设备，远远达不到快速、精确、高效的现代化水资源管理要求，造成克州水资源利用率较低，水资源利用中的缺水和浪费现象并存。

（2）水资源管理机制不完善。克州水资源管理体制、法规体系和机制建设尚不够完善，水资源利用总量控制、定额管理和实时调度的水管理制度执行力较差；尚未建立起合理的水价调节机制和用水的梯级水价机制；尚未建立水权交易市场，不能发挥经济杠杆来调节用水的手段。

（3）群众对水资源管理的认识不足。群众对水资源管理的作用普遍认识不足，水费拖欠也十分严重且水费标准极低。由于水费不到位，所收水费仅能维持水利工程的简单运行，没有经费进行水利工程的维修，水利工程陈旧、毁损现象普遍存在，难以维持正常的运行和安全生产。

综上所述，目前，克州水资源管理水平还较低，既难以维持正常的供水秩序，更不可能管理好克州的开发治理和水资源的保护。因此，必须以改革的精神，明确水资源管理的任务和目标，进一步建立健全水资源管理机构，理顺管理关系，完善管理职能，逐步提高管理水平，以保证克州规划目标的全面实现。

11.2　水资源管理对策措施建议

11.2.1　农业用水管理与节水措施

（1）新建、改建、扩建农业项目应当有水行政主管部门书面意见。

（2）建立灌溉定额管理制度，禁止超定额用水现象。

（3）成立村民用水户协会，明确协会主要任务。

（4）农业灌溉的水利工程由各水利工程管理单位、相关用水户协会共同管理和维修保养。

（5）推行灌溉用水按方收费制度。

（6）提出从经济上对农民应用节水灌溉技术给予支持的办法。

（7）制定违规用水的处罚措施。

11.2.2　工业用水管理与节水措施

（1）制定克州各县（市）工业用水定额。

（2）实施污水处理设备费用补贴办法，鼓励企业减少废污水的排放。

（3）对超定额用水收取高额附加费，抑制工业水浪费现象。

（4）严厉处罚水污染企业，以减轻有限水域的环境压力。

11.2.3　生活用水管理与节水措施

（1）提高人们节约用水意识。

（2）建立健全节水型社会管理机制。

（3）制定合理的水价体系。

1）用水超计划的应实行累计加价收费。

2）建立阶梯水价。

3）实行供排水设施有偿使用。

（4）装表计量，计划供水。

（5）大力推广节水型器具普及。

11.2.4　污水处理与安全利用机制

（1）建立专门废污水处理与利用部门。

（2）加强环保部门对废污水排放的监督能力。

（3）密切注视并研究废污水对环境的影响问题。

11.2.5　环境保护与用水机制

加强对生态环境的保护措施与制度建设，制止对生态环境的破坏，逐步修复生态环境；建立与实施污染物总量控制与排放总量控制制度，建立地下水资源保护管理制度，建立保障生态环境用水的机制等。

11.2.6　建立水资源实时调度系统，科学调度水资源

建立和完善水资源管理信息与决策支持系统，实行地表水与地下水联合运用、跨流域调水与当地水源联合调度以及多种水源合理开发，进行科学调度，提高水资源承载能力。

11.2.7 加快水资源承载能力监测预警机制建设

加快推进克州水资源承载能力监测预警机制建设，严格建设项目水资源论证和取水许可管理，强化水资源承载能力刚性约束，以县为单元开展水资源承载能力评价，建立预警体系；推进按河流水系的水量分配；严格地下水取用水总量和水位控制，提升水资源计量监控能力，制定实行水资源数量与质量、供水与用水、排污与环境相结合的统一监测网络体系；建立和完善供、用、排水计量设施，建立现代化水资源监测预警机制。

11.3 实行最严格水资源管理制度

11.3.1 强化"三条红线"刚性指标管理

实行水资源消耗总量和强度双控行动，强化水资源管理"三条红线"刚性约束。

（1）严控用水总量。把相关控制指标落实到相应河段、水库和地下水源，到 2020 年，全州年用水总量控制在 10.64 亿 m^3 以内，2030 年控制在 10.46 亿 m^3 以内。建立水资源承载能力监测预警机制，切实把水资源承载能力作为区域发展、城市建设和产业布局的重要条件，对超出红线指标的地区实行区域限批。

（2）严管用水强度。加强用水定额和计划管理，明确各行业节水要求，健全取水计量、水质监测和供用耗排监控体系，到 2020 年，万元工业增加值用水量较 2015 年降低 20%，农田灌溉水有效利用系数提高到 0.52 以上；到 2030 年，万元工业增加值用水量较 2020 年降低 9%，农田灌溉水有效利用系数提高到 0.55 以上。

（3）严格节水标准。健全节水技术标准体系，制定用水产品、重点用水行业、城市节水等方面的指标。

11.3.2 推进节水型社会建设管理

从观念、意识、措施等各方面把节水放在优先位置，切实把节约用水贯穿于经济社会发展和生活生产全过程。

（1）突出节水强农，积极发展规模化高效节水灌溉，加快大中型灌区续建配套和节水改造。

（2）突出节水降耗，大力推广工业水循环利用，普及节水工艺和技术，重点实施高耗水工业行业节水技术改造。

（3）突出节水控需，加强城镇公共供水管网改造，加快淘汰不符合节水标准的生活用水器具，大力发展低耗水、低排放现代服务业，推进高耗水服务业节水技术改造，全面开展节水型单位和居民小区建设。

（4）突出节流补源，把非常规水源纳入区域水资源统一配置，加大污水处理回用、矿井水等非常规水源开发利用力度。

（5）突出节奖超罚，统筹考虑市场供求关系、资源稀缺程度、环境保护要求、社会可承受能力等因素，加快推进农业水价综合改革，全面实行非居民用水超计划、超定额累进加价制度，全面推行城镇居民用水阶梯水价制度，充分发挥水价在节水中的杠杆作用。

11.3.3　加强水生态保护管理

牢固树立尊重自然、顺应自然、保护自然的生态文明理念，统筹好水资源开发与保护关系，更加注重水生态保护。

（1）加强重要生态保护区、水源涵养区、河流源头区保护，推进生态脆弱河流生态修复，加强水土流失防治，建设生态清洁小流域。

（2）落实水域岸线用途管制制度，编制水域岸线利用与保护规划，按照岸线功能属性实行分区管理，严格限制建设项目占用自然岸线，构建合理的自然岸线格局。

（3）实施水污染防治行动计划，全面落实全国重要江河湖泊水功能区划，建立联合防污控污治污机制，强化从水源地到水龙头的全过程监管。

（4）严格地下水开发利用总量和水位双控，建设地下水监测系统。

（5）按照确有需要、生态安全、可以持续的原则，集中力量加快建设一批全局性、战略性节水供水重大水利工程，为经济社会持续健康发展提供坚实的水利支撑。

11.3.4　着力构建水权制度体系

实行最严格的水资源管理制度，必须坚持政府和市场两手发力，发挥市场在资源配置中的决定性作用和政府的引导、监管作用，加快建立水权制度体系。

（1）搞好用水权初始分配。开展水域、岸线等水生态空间确权试点，分清水资源所有权、使用权及使用量，探索建立分级行使所有权的体制。推进水资源使用权确权登记，将水资源占有、使用、收益的权利落实到取用水户。

（2）培育水权交易市场。鼓励和引导地区间、流域间、流域上下游间、行业间、用水户间开展水权交易，探索多种形式的水权流转方式。研究制定水权交易管理办法，明确可交易水权的范围和类型、交易主体和期限、交易价格形成机制、交易平台运作规则等。逐步建立健全各层面水权交易平台体系，以及水权利益诉求、纠纷调处和损害赔偿机制，维护水市场良好秩序。

（3）推行合同节水管理。培育一批专业化节水管理服务企业，推动企业与用户以契约形式约定节水、治污、非常规水源利用等目标，并向用户提供节水技术改造、节水产品和项目融资、运营管理维护等专业化服务，实现利益共享，促进节水减排，提高水资源利用效率和效益。

11.4　全面推进河（湖）长制

按照新疆水利厅的统一部署，准确把握克州水利局在全面推行河（湖）长制中的职责定位，探索流域管理与河（湖）长制的深度融合，主动作为，做到守河有责、守河担责、守河尽责。以水资源消耗总量和强度"双控"为抓手，强化"三条红线"刚性约束。克州水利局及各市县水利局为河（湖）长制的主要承担单位，根据河（湖）长制实施方案，河（湖）长制办公室设置在克州水利局，具体负责组织实施河（湖）长制，主要职责为组织协调、督导、检查考核。克州水利局及各县（市）水利局主要工作如下：

（1）强化水资源监管力度。做好年度水资源公报编制，完成年度取水总结和年度用水计划工作。委托水文部门做好平、丰、枯水期的水质监测工作，强化用水单位取退水水质检测，确保水资源监测工作常态化、规范化，使取退水水质检测工作全面推进。组织工程人员对取水设施进行竣工验收，完善取水监管机制。配合相关部门开展对境内水环境的整治工作。

（2）规范克州水资源管理工作。成立由州、市、县政府主要领导任主任，各相关职能部门负责人组成的各级水资源管理委员会，实行成员单位分工负责制，各成员单位按照职责分工，对水资源管理目标责任进行落实。按照完成水资源管理"三条红线"控制目标，落实用水控制红线，工业万元增加值用水持续下降，农田灌溉水有效利用系数控制在 0.55 以上，水功能区水质达标率 100％。制定克州主干流"河长"责任分工表和各小流域"河长"责任分工表。进一步明确各级各部门流域保护管理责任，促进流域水资源管理工作规范化制度化。

（3）加大水事违法案件查处力度。加强涉河建设项目和河道弃土弃渣管理，建立河道工程建设项目防洪评价与河道弃土弃渣执法巡查制度，发现问题及时处置，对于群众举报和上级交办的违法违规河道弃土弃渣行为，相关部门能够第一时间到达现场，了解情况、调查取证，对当事人发出责令停止水事违法通知书，限期整改。对建设工程源头弃土问题，及时将情况反馈给相关部门，通过与州、市、县行政综合执法局联合执法，采取措施加以处置。加强涉河建设项目和弃土弃渣管理。加强河道管理，建立河道工程建设项目与河道弃土弃渣执法巡查制度，在隐患路段树立禁止向河道弃土弃渣宣传牌。规范建设项目弃土弃渣处置工作，使河道弃土弃渣行为得到较有效控制。

（4）加强水生态保护宣传。每年利用"世界水日"和"中国水周"以及"水土保持宣传日"的有利契机，在城区和乡镇、村，采取电视、广播、有奖问答、图片展览、发放宣传材料、悬挂宣传气球、发送手机短信等形式广泛开展水土保持、水资源管理与保护宣传活动。增强群众保护水生态环境意识，在全社会形成保护水资源、保护水生态环境的好风尚。

参 考 文 献

［1］ 郑勇，钟爱民．新疆克州水资源开发利用现状、问题及对策研究［J］．水资源开发与管理，2017（11）：17－21，16．

［2］ 田龙．新疆克州现状用水水平及节水潜力分析［J］．水资源开发与管理，2019（4）：59－62．

［3］ 邓铭江，李兰奇，董新光，等．新疆水资源合理配置研究［J］．新疆农业大学学报，2002（S1）：22－26．

［4］ 邓铭江．新疆宏观经济布局与水战略［J］．中国水利，2006（9）：29－32．

［5］ 邓铭江．新疆水资源问题研究与思考［J］．第四纪研究，2010，30（1）：107－114．

［6］ 邓铭江．新疆水资源战略问题探析［J］．中国水利，2009（17）：23－27．

［7］ 陈平．区域水资源开发利用与承载能力研究［D］．武汉：武汉大学，2004．

［8］ 刘昌明，陈志恺．中国水资源现状评价和供需发展趋势分析［M］．北京：中国水利水电出版社，2001．

［9］ 杨建柱．黄河水资源高效利用与科学管理［C］//中国水利学会．中国水利学会2016学术年会论文集（下册），2016．

［10］ 马燕．典型干旱区水土资源高效利用与保护模式的理论与实践［D］．乌鲁木齐：新疆大学，2007．

［11］ 王济干．区域水资源配置及水资源系统的和谐性研究［D］．南京：河海大学，2003．

［12］ 耿庆玲．西北旱区农业水土资源利用分区及其匹配特征研究［D］．北京：中国科学院研究生院（教育部水土保持与生态环境研究中心），2014．

［13］ 郑芳．新疆农业水资源利用效率的研究［D］．石河子：石河子大学，2013．

［14］ 李曦．中国西北地区农业水资源可持续利用对策研究［D］．武汉：华中农业大学，2003．

［15］ 张一鸣．中国水资源利用法律制度研究［D］．重庆：西南政法大学，2015．

［16］ 魏光辉．基于水土生态可持续的干旱区绿洲水资源利用研究［D］．乌鲁木齐：新疆农业大学，2015．

［17］ 郑勇．新疆克州地下水超采评价及管理建议［J］．水利规划与设计，2020（7）：37－41，89．